WERKSTATTBÜCHER

FÜR BETRIEBSBEAMTE, KONSTRUKTEURE U. FACHARBEITER
HERAUSGEGEBEN VON DR.-ING. H. HAAKE VDI

Jedes Heft 50—70 Seiten stark, mit zahlreichen Textabbildungen
Preis: RM 2.— oder, wenn vor dem 1. Juli 1931 erschienen, RM 1.80 (10% Notnachlaß)
Bei Bezug von wenigstens 25 beliebigen Heften je RM 1.50

Die Werkstattbücher behandeln das Gesamtgebiet der Werkstatttechnik in kurzen
selbständigen Einzeldarstellungen; anerkannte Fachleute und tüchtige Praktiker bieten
hier das Beste aus ihrem Arbeitsfeld, um ihre Fachgenossen schnell und gründlich in
die Betriebspraxis einzuführen.

Die Werkstattbücher stehen wissenschaftlich und betriebstechnisch auf der Höhe, sind
dabei aber im besten Sinne gemeinverständlich, so daß alle im Betrieb und auch im
Büro Tätigen, vom vorwärtsstrebenden Facharbeiter bis zum leitenden Ingenieur,
Nutzen aus ihnen ziehen können.

Indem die Sammlung so den einzelnen zu fördern sucht, wird sie dem Betrieb als Gan-
zem nutzen und damit auch der deutschen technischen Arbeit im Wettbewerb der Völker.

Einteilung der bisher erschienenen Hefte nach Fachgebieten

WERKSTATTBÜCHER

FÜR BETRIEBSBEAMTE, KONSTRUKTEURE UND FACH-
ARBEITER.   HERAUSGEBER DR.-ING. H. HAAKE VDI

=== HEFT 75 ===

Die Baustähle für den Maschinen- und Fahrzeugbau

Von

Dr.-Ing. habil. Karl Krekeler VDI

beamt. a. p. Professor an der Technischen Hochschule Aachen

Mit 36 Abbildungen und 39 Tabellen im Text

Berlin
Verlag von Julius Springer
1939

ISBN 978-3-7091-3182-4   ISBN 978-3-7091-3218-0 (eBook)
DOI 10.1007/978-3-7091-3218-0

Inhaltsverzeichnis.

I. Allgemeine Betrachtungen.

1. Zielsetzung. Das vorliegende Buch beschäftigt sich mit den Baustählen des Maschinen-, Apparate- und Fahrzeugbaues sowie verwandter Gebiete.

Bei der Verwendung im Betrieb muß sich der Betriebsingenieur heute nicht nur mit den Werkstoffen nach den üblichen technologischen und physikalischen Eigenschaften beschäftigen, sondern es ist notwendig, daß er sich über eine Reihe anderer wichtiger Fragen Klarheit verschafft, die bisher nicht im Rahmen eines solchen Buches behandelt wurden.

1. Bei jedem Legierungsmetall wird ein kurzer Überblick über sein Vorkommen, seine Gewinnung u. a. m. vorausgeschickt. Dadurch kann sich der Betriebsingenieur auch ein Bild machen, wo die größte Abhängigkeit vom Ausland besteht und an welchen Metallen wir mehr Interesse haben.

2. Bei jedem Legierungsmetall ist eine Zusammenstellung über die spezifischen und typischen Einwirkungen auf die Güteeigenschaften des Stahles angegeben. Hierdurch kann er sich ein Urteil über Austauschmöglichkeiten der einzelnen Sorten bilden.

3. Bei den einzelnen Werkstoffen werden Richtlinien für die Zerspanbarkeit besonders unter dem Gesichtspunkt der Verwendung der Legierungen sparenden Hartmetalle besprochen. Wir können es uns nicht leisten, noch unwirtschaftlich zu zerspanen.

4. Im Zuge der Sparmaßnahmen kann man natürlich nicht an der Schweißtechnik vorbeigehen. Sie wird daher auch ausführlich nach der autogenen und elektrischen Seite behandelt. Besonders wird auch die neueste Erkenntnis des Schweißens hochfester Werkstoffe schon berücksichtigt.

Dieses Buch ist daher ganz bewußt in der Blickrichtung des die Stähle verbrauchenden Betriebsmannes geschrieben. Wer sich noch mehr in die rein metallurgischen Fragen vertiefen will, sei auf die Standardwerke von RAPATZ und HOUDREMONT verwiesen.

2. Baustähle und Werkzeugstähle. Stahl ist nach der Festlegung in DIN 1600 alles Eisen, welches ohne Nachbehandlung schmiedbar ist. Diese Bezeichnung gilt ganz allgemein ohne Rücksicht auf die Festigkeit und Legierung. Es ist daher noch notwendig, eine Unterteilung je nach dem Verwendungszweck und der Zusammensetzung vorzunehmen.

Die Bezeichnung Baustahl wird zum Unterschiede von Werkzeugstahl gebraucht.

Unter dem Begriff Baustähle werden alle die Stahlsorten zusammengefaßt, aus denen Bauteile hergestellt werden.

In dem vorliegenden Heft werden aber nur die Baustähle für den Fahrzeug- und Maschinenbau sowie den Apparatebau und verwandte Gebiete behandelt, nicht jedoch für den Brücken-, Hoch- und Eisenbahnbau.

Aus den Werkzeugstählen werden die Werkzeuge hergestellt, um den Bauteilen durch spanabhebende oder spanlose Formgebung die vom Konstrukteur gewünschte Form zu geben. Daher sind auch die Anforderungen, die an die beiden Stahlgruppen gestellt werden, ganz verschieden.

Da die Bauteile fast ausschließlich zur Übertragung oder Aufnahme von Kräften verschiedener Art dienen, werden die Baustähle in erster Linie nach den Festigkeitseigenschaften (Streckgrenze, Zugfestigkeit, Dehnung, Kerbzähigkeit usw. ausgesucht, sofern nicht besondere Eigenschaften, z. B. Säurebeständigkeit, Hitzebeständigkeit, verlangt werden.

Die Werkzeugstähle werden dagegen nach ihrem Verhalten als schneidendes, pressendes oder ziehendes Werkzeug beurteilt.

3. Unlegierte und legierte Stähle. Die Anforderungen, die an die Baustähle gestellt werden, kann man durch unlegierte und legierte Stähle erfüllen.

Eine scharfe Trennung, wann die eine Gruppe und wann die andere Gruppe verwendet werden kann oder soll, läßt sich nicht durchführen.

Man kann aber sagen, daß, je größer die Beanspruchung, Zähigkeit, Durchhärtbarkeit usw. sein soll, desto höher die Stähle legiert sein müssen. Das gleiche gilt auch für die hitze- und säurebeständigen Stähle.

Es muß aber das Bestreben eines jeden Betriebes sein, überall da, wo es irgendwie geht, unlegierte Stähle zu verwenden.

Durch besondere Gattierung, Erschmelzung und sorgfältige Weiterverarbeitung sind auch bei den unlegierten Stählen große Fortschritte erzielt worden, so daß sie ohne weiteres zu den Edelstählen gerechnet werden müssen. Außerdem werden sie nicht nur nach der Festigkeit, sondern meist auch unter einer Markenbezeichnung verkauft, so daß dadurch auch eine Gewähr für die besondere Eignung gegeben ist.

Ein Teil der Baustähle ist bereits in Normblättern zusammengefaßt. Bei vielen Stählen und Anwendungsgebieten ist aber die Entwicklung noch nicht so weit abgeschlossen.

II. Die unlegierten Baustähle.

A. Grundsätzliches.

4. Kennzeichnung. Die unlegierten Stähle sind ohne Zusatz besonderer Legierungsbestandteile hergestellt. Der Unterschied in den Eigenschaften (Festigkeit, Dehnung usw.) wird durch den verschieden hohen Gehalt an Kohlenstoff erreicht. Er verändert sich in den Grenzen von 0,1 % bis 1,5 %. Hierbei bezeichnet man die Stähle mit etwa 0,10 bis 0,60 % als Baustähle und darüber hinaus als Werkzeugstähle. Es kommen aber auch sehr oft Überschneidungen vor.

5. Die kennzeichnende Wirkung des Kohlenstoffs im Stahl. Über den grundsätzlichen Einfluß, den der Kohlenstoff auf die physikalischen Eigenschaften (Zugfestigkeit, Dehnung usw.) eines unlegierten Stahles ausübt, ist folgendes zu sagen: Durch 0,1 % C wird im gewalzten Zustand die Streckgrenze um 4···5 kg/mm² und die Zugfestigkeit um etwa 9 kg/mm² erhöht. Dementsprechend sinkt die Dehnung um 5 % je 10 kg/mm² Festigkeitssteigerung bei geringerem und um 2,5 % bei höherem Kohlenstoffgehalt.

Die Warmfestigkeit wird durch steigenden Kohlenstoffgehalt bis etwa 400° C verbessert.

Der Korrosionswiderstand gegenüber Wasser, Säuren und heißen Gasen wird durch den Kohlenstoffgehalt nicht

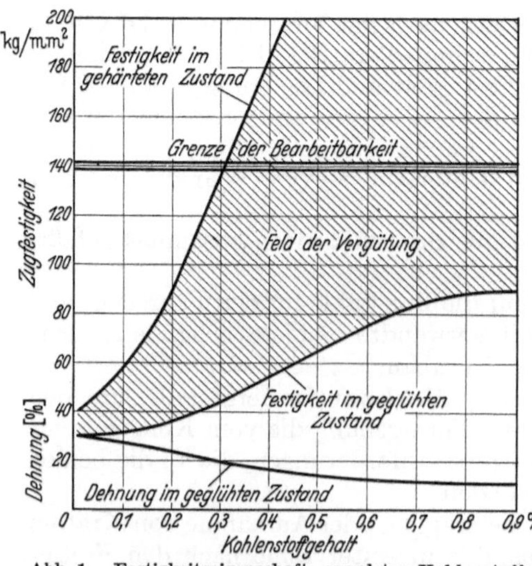

Abb. 1. Festigkeitseigenschaft gewalzter Kohlenstoffstähle in Abhängigkeit vom C-Gehalt.

beeinflußt. Abb. 1 gibt einen Überblick über die Festigkeitseigenschaften gewalzter Kohlenstoffstähle in Abhängigkeit vom C-Gehalt.

Das Gefüge[1] der unlegierten Kohlenstoffstähle besteht in gewalztem und geglühtem Zustand aus Ferrit und dem Gehalt an Kohlenstoff entsprechenden Mengen Perlit. Das Gefüge des reinen Eisens bezeichnet man mit Ferrit (ferrum = das Eisen). Der Kohlenstoff und das Eisen gehen eine chemische Verbindung mit-

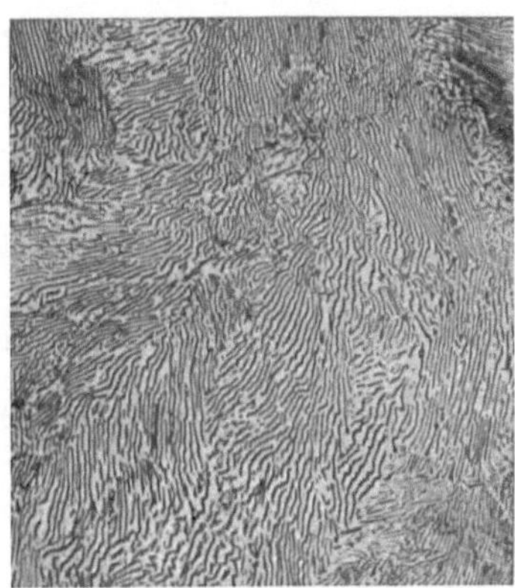

Abb. 2. Perlitgefüge. V = 500.

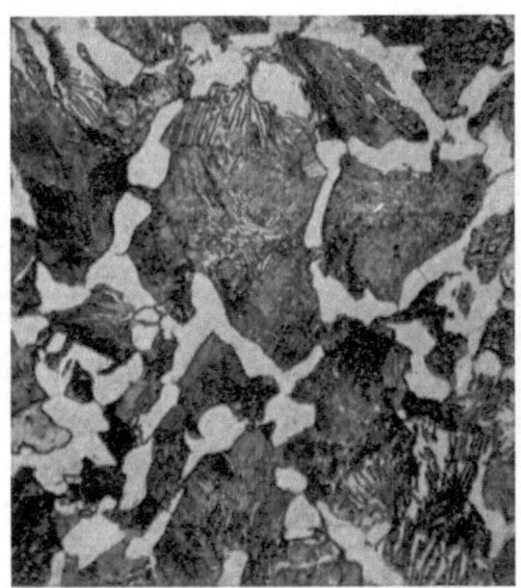

Abb. 3. Perlitgefüge mit Ferritkristallen. V = 200.

einander ein, die man als Zementit (Eisenkarbid) mit der chemischen Formel Fe_3C bezeichnet. Auf ein Kohlenstoffatom kommen also drei Eisenatome. Dieses Eisenkarbid lagert sich nun in Form dünner Platten oder Schalen innerhalb der Eisenkristalle ab. Bei einem Kohlenstoffgehalt von 0,9% sind alle Kristalle von diesen Karbidplatten durchsetzt. Diese Gefügeform bezeichnet man als Perlit (Abb. 2.) Das Bild dieses Gefügezustandes hat große Ähnlichkeit mit einem Fingerabdruck.

Bei geringerem Kohlenstoffgehalt als 0,9% C treten neben dem Perlit noch Ferritkristalle auf (Abb. 3). Bei höherem Kohlenstoffgehalt lagert sich das überschüssige Karbid zwischen den Perlitkristallen in Form eines Zementitnetzwerkes ab (Abb. 4).

Die spanabhebende Bearbeitbarkeit wird mit steigendem Kohlenstoffgehalt verringert. Bei gleicher Festigkeit ist der Stahl mit geringerem Kohlenstoffgehalt leichter zu zerspanen.

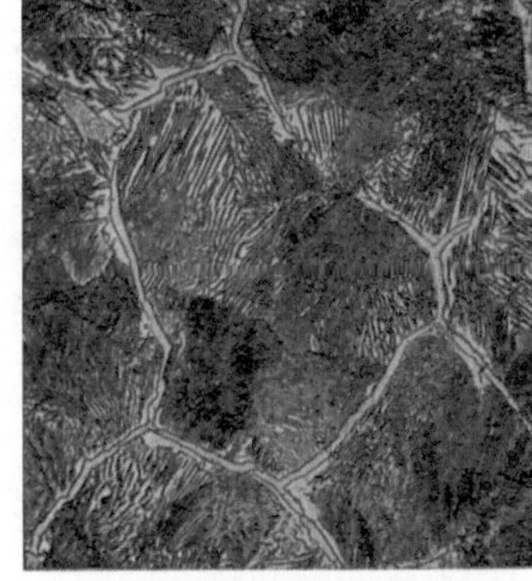

Abb. 4. Perlitgefüge mit Zementit-Netzwerk. V = 500.

Die Lichtbogenschweißung und Gasschmelzschweißung wird mit steigendem Kohlenstoffgehalt schwieriger. Die obere Grenze normaler Schweißbarkeit liegt bei einem C-Gehalt von etwa 0,35%.

B. Die Maschinenbaustähle nach DIN 1611.

6. Inhalt der Norm. In dieser Norm sind die einfachen Baustähle des allgemeinen Maschinenbaues, an die keine hohen Ansprüche auch hinsichtlich Einsetzbarkeit und Vergütbarkeit gestellt werden, zusammengefaßt.

---

[1] Vgl. WB. Heft 64 „Metallographie".

Flußstahl geschmiedet oder gewalzt, unlegiert, Maschinenbaustahl nach DIN 1611

A

Reinheitsgrad: Zahlenmäßiger Schwefel- und Phosphorgehalt nicht gewährleistet.
Die mechanischen Eigenschaften gelten für den Anlieferungszustand. Der Werkstoff wird nur geschmiedet oder zum Schmieden verwendet, und die Abnahmebedingungen gelten für den gut durchgeschmiedeten oder gut durchgewalzten Zustand. Fertig gewalzten Werkstoff siehe DIN 1612.

Tabelle 1.

Marken-be-zeichnung	Zugversuch nach DIN			Eigenschaften
	Zug-festigkeit σ_B kg/mm²	Bruchdehnung mindestens[1] %		
		am kurzen Normalstab oder kurzen Proportionalstab δ_5	am langen Normalstab oder langen Proportionalstab δ_{10}	
St 00.11	Der Stahl darf weder kalt- noch rotbrüchig sein, d. h. die Proben müssen sich im warmen und kalten Zustande bis zum rechten Winkel biegen lassen bei einer Ausrundung, deren Halbmesser gleich der doppelten Probedicke des Stabes ist.			
St 37.11	37···45	25	20	Übliche Thomas- oder SM-Güte. Schweißt nicht immer gut und zuverlässig.

B

Reinheitsgrad: Schwefel- und Phosphorgehalt nicht mehr als je 0,06 %, zusammen jedoch nicht mehr als 0,10 %.
Die mechanischen Eigenschaften gelten für den ausgeglühten (normalgeglühten) Zustand. Annähernd gleiche Eigenschaften sollen bei dem fertig durchgewalzten oder durchgeschmiedeten Werkstoff vorhanden sein. Wird ein bestimmter Anlieferungszustand gewünscht, z. B. geglüht, so ist dies bei der Bestellung anzugeben. Der Werkstoff wird geschmiedet oder vorgewalzt zum Schmieden oder fertig gewalzt (fertig gewalzt im allgemeinen unter 50 mm Dicke), gegebenenfalls mit nachfolgender spanabhebender Bearbeitung verwendet. Gewalzt wird dieser Werkstoff nur mit Rund-, Quadrat-, Sechskant- und Flachquerschnitten bis herunter zu 8 mm Dicke geliefert, fertig gewalzt mit den Maßabweichungen nach DIN 1612, vorgewalzt mit Abweichungen, die von Fall zu Fall zu vereinbaren sind.

Tabelle 2.

Marken-be-zeichnung	Zugversuch nach DIN 1605			Streckgrenze σ_S[2] (für die Abnahme nicht bindend) mindestens kg/mm²	Kohlenstoffgehalt C (für die Abnahme nicht bindend) $\approx$ %	Eigenschaften
	Zug-festigkeit σ_B kg/mm²	Bruchdehnung mindestens[1] %				
		am kurzen Normalstab oder kurzen Proportionalstab δ_5	am langen Normalstab oder langen Proportionalstab δ_{10}			
St 34.11	34···42	30	25	19	0,12	Einsetzbar Feuerschweißbar
St 42.11	42···50	25	20	23	0,25	Noch einsetzbar, wenn Kern bereits hart sein darf. Schwer feuerschweißbar
St 50.11	50···60	22	18	27	0,35	Nicht für Einsatzhärtung bestimmt. Kaum feuerschweißbar. Wenig härtbar
St 60.11	60···70	17	14	30	0,45	Härtbar Vergütbar
St 70.11	70···85	12	10	35	0,60	Hoch härtbar Vergütbar

Durch Ziehen, Pressen, Schlagen u. dgl. kalt gereckter Werkstoff fällt nicht unter diese Normen.
Unter „Ausglühen" (Normalglühen) ist hier ein gleichmäßiges Erhitzen auf eine Temperatur kurz oberhalb des oberen Umwandlungspunktes mit folgendem Erkaltenlassen in ruhiger Luft zu verstehen.
Die mechanischen Eigenschaften gelten in der Faserrichtung.
Prüfung der mechanischen Eigenschaften nach DIN 1602 usw.
Über die Ausführung der chemischen Prüfung sind gegebenenfalls besondere Vereinbarungen zwischen Besteller und Lieferer zu treffen. Es wird empfohlen, in strittigen Fällen sich an die vom Chemikerausschuß des Vereins deutscher Eisenhüttenleute ausgearbeiteten Analysenverfahren zu halten.
Für die Anwendung der Normen siehe auch Erläuterungsblatt DIN 1606.
In Sonderfällen ist bei Bestellung anzugeben, ob der Stahl zum Einsetzen, Feuerschweißen, für ein Schmiedestück bestimmter Art u. dgl. verwendet werden soll.

[1] Bei dem im Auslande zum Teil üblichen kleineren Meßlängenverhältnis werden die Dehnungswerte entsprechend höher.
[2] Sollen diese Werte als Abnahmewerte für die Deutsche Reichsbahn-Gesellschaft gelten, so ist der Markenbezeichnung ein R anzuhängen, z. B. St 50.11 R.

C. Prüfung und Abnahme

1. Geschmiedete glatte und fertig gewalzte Stäbe

Die Prüfung kann je nach Bestellung geschehen:
1. nach Schmelzungen (schmelzungsweise)
2. nach vereinbarten Losen (losweise)
3. ohne besondere Vereinbarung.

Bei schmelzungsweiser und bei losweiser Prüfung dürfen zu Versuchszwecken entnommen werden:
3 Stücke aus jeder Schmelzung oder aus jedem Los, jedoch nur
1 Stück von je 20 oder angefangenen 20 Stücken.

Bei Prüfung ohne besondere Vereinbarung dürfen zu Versuchszwecken entnommen werden:
5 Stücke von je 100 Stücken, jedoch nur
1 Stück von je 2000 kg oder angefangenen 2000 kg bei Sorten bis zu 20 kg/m
1 Stück von je 5000 kg oder angefangenen 5000 kg bei Sorten über 20 kg/m

Aus jedem Stück darf je 1 Probestab zum Zugversuch entnommen werden. Weitere Bestimmungen siehe DIN 1603 Werkstoffprüfung, Allgemeines.

2. Alle sonstigen Schmiedestücke und vorgewalzte Stäbe

Prüfung und Abnahme sind von Fall zu Fall zu vereinbaren.

D. Maßabweichungen[1] für geschmiedete glatte Rund-, Quadrat- und Flachstäbe

Vorbemerkung. Zu unterscheiden sind:
a) vorgeschmiedeter Werkstoff, der warm weiterverarbeitet wird. Zulässige Abweichungen sind in der Regel größer als bei geschmiedeten Stäben und von Fall zu Fall zu vereinbaren;
b) geschmiedete Stäbe, die durch spanabhebende Werkzeuge kalt weiterverarbeitet werden. Zulässige Abweichungen und Zugaben siehe unten.

Die zulässigen Abweichungen beziehen sich nur auf Schmiedemaße (Rohmaße) und sind die beim Schmieden nicht zu vermeidenden Ungenauigkeiten.

Zugabe ist der dem Fertigmaß hinzuzurechnende Zuschlag an Werkstoff, der zerspant werden muß, um eine reine Oberfläche des fertigen Stückes zu erzielen.

Tabelle 3. Zulässige Abweichungen für Schmiedemaße (Rohmaße).

Abmessungen in mm		Zulässige Abweichungen		
	Länge		Länge	
bis 80	—	Nach besonderer Vereinbarung		
80···150	1000···4000	+ 3 % — 2 %	+ 30 mm	
	über 4000···6000	+ 4 % — 2 %	+ 40 mm	
über 150···400	1000···4000	+ 3 % — 2 %	⊙ und ▨ bis 200 mm Durchmesser oder Dicke + 40 mm, darüber + 20 % des Durchmessers oder der Dicke	bis 400 mm (Dicke +Breite)+ 40 mm, darüber + 10 % von (Dicke + Breite)
	über 4000···6000	+ 4 % — 2 %		

Beispiel: Die Bestellung lautet auf 200 mm Durchmesser, 4000 mm Länge, Schmiedemaße.
Der Stab kann demnach geliefert werden:

Durchmesser:	höchstens (200 + 3 %)	= 206 mm
	mindestens (200 — 2 %)	= 196 mm
Länge:	höchstens (4000 + 40)	= 4040 mm
	mindestens	= 4000 mm

Tabelle 4. Zugabe bei Bestellung in Fertigmaßen.

	Länge
9 % der bestellten Fertigmaße	10 % des Durchmessers oder der Dicke

Für die errechneten Schmiedemaße sind die in Tab. 3 angegebenen Abweichungen zulässig.

Beispiel: Die Bestellung lautet auf 200 mm Durchmesser, 4000 mm Länge, Fertigmaße.
Bestimmung der Zugabe:

Durchmesser:	(200 + 9 %)	= 218 mm
Länge:	(4000 + 10 % vom Durchmesser)	= 4020 mm

Bestimmung der Abweichungen nach Tab. 3:

Durchmesser:	höchstens (218 + 3 %)	= 225 mm
	mindestens (218 — 2 %)	= 214 mm
Länge:	höchstens (4020 + 20 % vom Durchmesser)	= 4064 mm
	mindestens	= 4020 mm.

Bei Bestellung in Schmiedemaßen (Rohmaßen) einschließlich der Zugabe nach Tab. 4 gewährleistet der Erzeuger, daß die Stücke beim Bearbeiten rein werden.

Bekanntgabe der Fertigmaße ist immer erwünscht.

Besonders zu vereinbaren sind die zulässigen Abweichungen
a) von Abmessungen, die in Tab. 3 nicht erfaßt sind,
b) von Flachstäben, deren Dicke geringer ist als ein Drittel ihrer Breite.

[1] Bei Bestellung nach Gewicht darf nur ein Mehrgewicht bis zu 6 %, bezogen auf die Schmiedemaße (Rohmaße), in Rechnung gestellt werden. Zu rechnen ist mit einem Gewicht von 7,85 kg/dm³.

Hierbei wird unterschieden zwischen den Stählen der Gruppe A, bei denen ein zahlenmäßiger Reinheitsgrad für Schwefel und Phosphor nicht gewährleistet wird, und den Stählen der Gruppe B, bei denen Phosphor und Schwefel zusammen nicht mehr als 0,1 % betragen dürfen. Alle weiteren Angaben sind aus dem abgedruckten Normblatt zu entnehmen (S. 6 und 7).

7. **Die Anwendungsgebiete der in DIN 1611 festgelegten Stähle** sind in der nachfolgenden Tabelle 5 angegeben.

Tabelle 5.

Marken-bezeichnung	Verwendungszweck
St 00.11	Dieser Stahl wird ohne Angabe von mechanischen Eigenschaften geliefert. Er wird für untergeordnete Zwecke, z. B. Geländerstäbe, verwendet.
St 37.11	Dieser Stahl ist verwendbar für Teile, die nicht bearbeitet werden, für die aber, wie z. B. bei Stahlkonstruktionen, eine bestimmte Festigkeit gewährleistet werden muß.
St 34.11	Teile, von denen hohe Zähigkeit verlangt wird, z. B. Schrauben, Schrumpfringe, Gestänge. Einsetzbar für Zapfen, Bolzen, Büchsen. Leichte Zerspanbarkeit. Grobe Gewinde gut schneidbar.
St 42.11	Für Teile, die Stößen oder wechselnden Beanspruchungen unterliegen. Treibstangen, Kurbeln usw. Laufende Teile, die weich sein dürfen, weil sie keinen großen Verschleiß haben. Für Wellen und Achsen mit geringer Durchfederung. Für Preßstücke und geringer beanspruchte Stirnräder. Leichte Zerspanbarkeit. Gewinde gut schneidbar.
St 50.11	Für höher beanspruchte Triebwerksteile und dort, wo wegen Verschleiß eine höhere Festigkeit gewählt werden muß. Stärker belastete Wellen, gekröpfte Kurbelwellen, Antriebswellen, schnellaufende Wellen, Turbinenwellen, Spindeln usw. Kolben und Schieberstangen, Steuerhebel, Bolzen, Gewinderinge, weniger belastete ungehärtete Zahnräder.
St 60.11	Wie St 50.11, jedoch für höhere Beanspruchung und wenn an Gewicht gespart werden soll. Für Teile mit hohem Flächendruck: Paßstifte, Keile, Ritzel, Schnecken, Preßspindeln. Bei wechselnder Beanspruchung ist Vergütung zu empfehlen. Die Bearbeitung ist teurer, da die anwendbaren Schnittgeschwindigkeiten geringer sind.
St 70.11	Für Teile, die eine gewisse Härte erfordern, z. B. aufeinander arbeitende Steuerungsteile; harte Walzen. Für höher beanspruchte Teile als unter St 60.11. Naturharte Werkzeuge, wie Gesenke, Ziehringe, Preßdorne. Die Bearbeitung ist teurer als bei 60.11.

C. Die Einsatz- und Vergütungsstähle nach DIN 1661.

8. **Die Einsatzstähle** (Tab. 7) werden nach Reinheitsgrad geliefert. Schwefel- und Phosphorgehalt sollen nicht mehr als je 0,04 %, zusammen aber nicht mehr als 0,07 % betragen.

Die Einsatzhärtung wird überall da angewendet, wo eine harte und gegen Verschleiß widerstandsfähige Oberfläche verlangt wird. Gleichzeitig soll der Kern seine Weichheit und Zähigkeit behalten.

Bei der Einsatzhärtung findet eine Aufkohlung der Randschicht statt. Man bekommt also einen Verbundstahl, der außen durch Kohlenstoffaufnahme hart ist, im Innern aber weich bleibt, weil man als Ausgangswerkstoff einen Stahl mit nicht mehr als 0,25 % C genommen hat.

Die Grundanalyse eines Einsatzstahles ist etwa folgende:

C bis 0,25 %		P bis 0,04 %
Si „ 0,35 %		S „ 0,04 %.

Der Mangan- und Siliziumgehalt muß nach oben hin begrenzt sein, um eine Kerndurchhärtung beim Abschrecken zu verhindern.

Die Einsatzhärtung geht so vor sich, daß man den einzusetzenden Werkstoff mit Kohlenstoff abgebenden Mitteln, dem sog. Einsetzpulver, in geeignete Kästen einpackt. Zur Verstärkung der Einsetzwirkung nimmt man z. B. Lederkohle oder Bariumkarbonat, wobei Bariumkarbonat als Katalysator dient. Durch die Mitwirkung dieses Katalysators wandert der Kohlenstoff leichter in den Stahl. Die Lederkohle verbraucht sich, während man das Bariumkarbonat nur immer zum Teil ersetzen muß.

Außer durch Einsetzpulver kann man die Einsatzhärtung auch im Salzbad oder im Gasstrom vornehmen.

Die eingesetzten Teile müssen mit einer mindestens 30 mm starken Schicht des Einsetzpulvers umgeben sein. Die Kästen sind mit Lehm gut abzudichten, um ein Entweichen der Gase zu verhindern. Die Kästen werden auf $850\cdots900^0$ erhitzt. Hierbei entstehen Gase, die Kohlenstoff abspalten, welcher in den Stahl hineinwandert. Dadurch bildet sich eine aufgekohlte härtbare Randschicht. Durch Abschrecken nimmt dann diese Schicht die Härte an, die dem jetzt vorhandenen Kohlenstoffgehalt (z. B. 1 %) zukommt. Der Kern bleibt infolge seines geringeren Kohlenstoffgehaltes weich und zäh.

Die Dicke der Einsatzschicht ist außer vom Einsetzmittel von der Zeit und von der Temperatur abhängig. Die Tabelle 6 gibt mittlere Werte an.

Im praktischen Betrieb wird die Einsatztiefe und die Zeit durch Probestäbe überwacht. Diese sind durch die Seitenwand der Kästen eingeführt und machen

Tabelle 6. Dicke der Einsatzschicht.

Einsatzdauer Stunden	Temperatur 850° C	Temperatur 900° C
1	0,4 mm	0,6 mm
5	0,8 mm	1,2 mm
10	1,2 mm	1,5 mm
30	1,5 mm	2,5 mm

die Einsatzbehandlung mit. Von Zeit zu Zeit werden sie herausgezogen und am vorderen Ende abgeschreckt. Aus dem Härtebruch kann man dann die Einsatzwirkung beurteilen.

Die im Einsatz zu härtenden Teile müssen metallisch blank und ohne Öl- oder Rostflecke sein.

Um an bestimmten Stellen die Einsatzwirkung zu verhindern, genügt manchmal ein Verkleiden mit Ton, Talkum oder Wasserglas. Am sichersten ist jedoch eine elektrolytisch aufgebrachte Schutzschicht von Kupfer und Nickel. Bei größeren Einsatztiefen nutzt auch dieses Verfahren nichts. Man muß dann nachträglich die Einsatzschicht durch spanabhebende Formgebung entfernen.

Außer den festen Einsetzmitteln benutzt man auch flüssige und gasförmige. Die flüssigen Aufkohlungsmittel werden in Form von Salzbädern benutzt, die den großen Vorteil haben, daß die vorgeschriebene Temperatur ganz genau eingehalten werden kann. Außerdem wird durch die beim Herausnehmen anhaftende Salzschicht eine Verzunderung vermieden.

Als gasförmiges Einsetzmittel ist hauptsächlich Leuchtgas im Gebrauch. Auch hier hat man den Vorteil der gleichmäßigen Erwärmung und leichten Beeinflussung der Einsatztiefe.

An dieser Stelle muß nun auch ein weiteres Oberflächenhärtungsverfahren, die Stickstoffhärtung (Nitrierhärtung) erwähnt werden. Unter Nitrieren versteht man ein Glühen des Stahles in einem Stickstoff abgebenden Mittel (z. B. Ammoniak) bei 500° C. Es erfolgt dabei durch Stickstoffaufnahme die Bildung einer harten Randschicht. Nach dem Glühen genügt ein langsames Abkühlen. Man erspart also das Abschrecken und den damit verbundenen Verzug.

Flußstahl geschmiedet oder gewalzt, unlegiert, Einsatz- und Vergütungsstahl nach DIN 1661

Bezeichnung für ausgeglühten Vergütungsstahl mit 0,35 % mittlerem Kohlenstoffgehalt:

Vergütungsstahl St C 35.61 DIN 1661 ausgeglüht

Einheitsgewicht für die Gewichtsberechnung 7,85 kg/dm³

Der Werkstoff wird geschmiedet oder vorgewalzt zum Schmieden oder fertiggewalzt (fertiggewalzt im allgemeinen unter 50 mm Dicke), gegebenenfalls mit nachfolgender spanabhebender Bearbeitung, verwendet. Gewalzt wird dieser Werkstoff nur mit Rund-, Vierkant-, Sechskant- und Flachquerschnitten geliefert bis herunter zu 8 mm Dicke, fertiggewalzt mit den Maßtoleranzen, Prüfungs- und Abnahmevorschriften nach DIN 1612, vorgewalzt mit Toleranzen, die von Fall zu Fall zu vereinbaren sind.

Tabelle 7. Einsatzstahl.

Reinheitsgrad: Schwefel- und Phosphorgehalt nicht mehr als je 0,04 %, zusammen jedoch nicht mehr als 0,07 %.

Die mechanischen Eigenschaften gelten für den ausgeglühten (normalgeglühten) Zustand.

Markenbezeichnung	Zugversuch nach DIN 1605				Kohlenstoffgehalt C	Mangangehalt Mn höchstens	Siliziumgehalt Si höchstens
	Zugfestigkeit σ_B im Mittel	Bruchdehnung mindestens[1] %		Streckgrenze σ_S mindestens			
		am kurzen Normalstab oder kurzen Proportionalstab	am langen Normalstab oder langen Proportionalstab				
	kg/mm²	δ_5	δ_{10}	kg/mm²	%	%	%
StC10.61	38	30	25	21	0,06···0,13	0,5	0,35
StC16.61	42	28	23	23	011···0,18	0,4	0,35

Nach dem Einsetzen hat der Werkstoff höhere Festigkeit, auch im Kern.

Tabelle 8. Vergütungsstahl.

Reinheitsgrad: Schwefel- und Phosphorgehalt nicht mehr als je 0,04%, zusammen jedoch nicht mehr als 0,07%.

Markenbezeichnung	Zustand	Zugversuch nach DIN 1605				Kohlenstoffgehalt C	Mangangehalt Mn höchstens	Siliziumgehalt Si höchstens
		Zugfestigkeit σ_B	Bruchdehnung mindestens[1] %		Streckgrenze σ_S mindestens			
			am kurzen Normalstab oder kurzen Proportionalstab	am langen Normalstab oder langen Proportionalstab				
		kg/mm²	δ_5	δ_{10}	kg/mm²	$\approx$ %	%	%
StC25.61	ausgeglüht	42···50	27	22	24	0,25		
	vergütet	47···55	24	20	28			
StC35.61	ausgeglüht	50···60	23	19	28	0,35		
	vergütet	55···65	22	18	33		0,8	0,35
StC45.61	ausgeglüht	60···70	19	16	34	0,45		
	vergütet	65···75	18	15	39			
StC60.61	ausgeglüht	70···85	15	13	40	0,60		
	vergütet	75···90	14	12	45			

Die unter ,,vergütet'' aufgeführten Werte der mechanischen Eigenschaften liefern einen Maßstab für die Vergütungsfähigkeit des Stahles. Sie werden durch Abschrecken aus 30°···50° C oberhalb des oberen Umwandlungspunktes mit darauffolgendem Anlassen bis auf etwa 600° C erreicht. Indessen wird gewöhnlich weniger hoch angelassen, und die erreichbaren Zahlenwerte sind andere, besonders liegen die Werte der Streckgrenze und Zugfestigkeit höher.

Da sich nur Stücke bis etwa 40 mm Dicke bis in den Kern durchhärten und dementsprechend auch solche nur gleichmäßig vergüten lassen, so ist bei dickeren Stücken die Probeentnahmestelle mit der Vergüterei zu vereinbaren.

[1] Bei dem im Auslande zum Teil üblichen kleineren Meßlängenverhältnis werden die Dehnungswerte entsprechend höher.

Durch Puddeln oder Paketieren hergestellter Werkstoff ist in vorstehenden Aufstellungen nicht enthalten.

Durch Ziehen, Pressen, Schlagen und dergl. kalt gereckter Werkstoff fällt nicht unter diese Normen.

Unter ,,Ausglühen'' (Normalglühen) ist hier ein gleichmäßiges Erhitzen auf eine Temperatur kurz oberhalb des oberen Umwandlungspunktes mit folgendem Erkaltenlassen in ruhiger Luft zu verstehen.

Die mechanischen Eigenschaften gelten in der Faserrichtung.

Die Prüfung der mechanischen Eigenschaften erfolgt nach DIN 1602 usw.

Über die Ausführung der chemischen Prüfung sind besondere Vereinbarungen zwischen Besteller und Lieferer zu treffen. Es wird empfohlen, in strittigen Fällen sich an die vom Chemikerausschuß des Vereins deutscher Eisenhüttenleute ausgearbeiteten Analysenverfahren zu halten.

Die Prüfung der Werte der mechanischen Eigenschaften im vergüteten Zustand erfolgt an einem Zerreißstab, der aus dem bereits vergüteten Stück kalt herauszunehmen ist.

Für die Anwendung der Normen siehe auch Erläuterungsblatt DIN 1606.

Der Verwendungszweck ist in Sonderfällen anzugeben.

Die Nitrierhärtung erfolgt also praktisch verzugsfrei, wobei die erzielte Härte größer ist als bei gewöhnlicher Einsatzhärtung.

Die nitrierte Oberfläche hat auch noch den Vorteil, daß sie bis 500° C härtebeständig ist. Ein Nachteil ist die geringe Härtetiefe. Am besten eignen sich für die Nitrierung Stähle, deren Legierungsbestandteile eine Verwandtschaft zum Stickstoff haben, wie z. B. Chrom und Aluminium. Ein typischer Nitrierstahl hat folgende Beimengungen

$$0{,}3\% \ \mathrm{C}$$
$$1{,}5\% \ \mathrm{Cr}$$
$$1{,}0\% \ \mathrm{Al}.$$

Über die Wärmebehandlung der im Einsatz gehärteten Teile ist noch folgendes zu sagen:

Bei einfachen Teilen, die einer geringen Beanspruchung unterliegen, wird unmittelbar aus dem Einsatz gehärtet; dies ist das einfachste und billigste Verfahren.

Bei höheren Ansprüchen genügt das nicht. Wenn die Einsetztemperatur 900° C beträgt, so wird der Kern beim Abschrecken zwar zäh bleiben, die aufgekohlte Randschicht wird jedoch überhitzt gehärtet. Zu einem Stahl mit einem Kohlenstoffgehalt von 1% gehört eine Härtetemperatur von 760···800°. Um also für den Kern und die Randzone das günstigste Gefüge zu erreichen, muß man eine doppelte Härtung anwenden. Das erstemal schreckt man aus der Einsetztemperatur von etwa 900° ab, damit der Kern umgewandelt wird. Dann wird auf etwa 760···800° erwärmt und aus dieser Temperatur zum zweiten Male abgeschreckt, um die Randschicht zu härten.

9. Die Verwendungszwecke der unlegierten Einsatzstähle enthält Tabelle 9.

Tabelle 9.

Norm- bezeichnung	Verwendungszwecke
St C 10.61	Schrauben, Federlaschen, Räder, Bolzen, Naben, Gabeln.
St C 16.61	Exzenterwellen, Nockenwellen, Treib- und Kuppelzapfen, Kolbenbolzen, Gleitbahnen.

10. Die Vergütungsstähle nach DIN 1661 finden sich im zweiten Teil des Normblattes (Tab. 8). Sie werden ebenfalls nach Reinheitsgrad geliefert. Die Vorschrift über Schwefel- und Phosphorgehalt ist die gleiche wie bei den Einsetzstählen.

Die Vergütungsstähle werden überall da angewendet, wo von den Bauteilen neben hoher Festigkeit auch große Zähigkeit verlangt wird. Unter Vergüten versteht man eine zusammengesetzte Wärmebehandlung. Zunächst wird der Stahl durch Abschrecken aus einer Temperatur, die etwa 50···80° C über dem oberen Umwandlungspunkt liegt, gehärtet. Als Abschreckmittel dient Wasser, Öl oder Luft, wobei Wasser am schärfsten und Luft am mildesten wirkt.

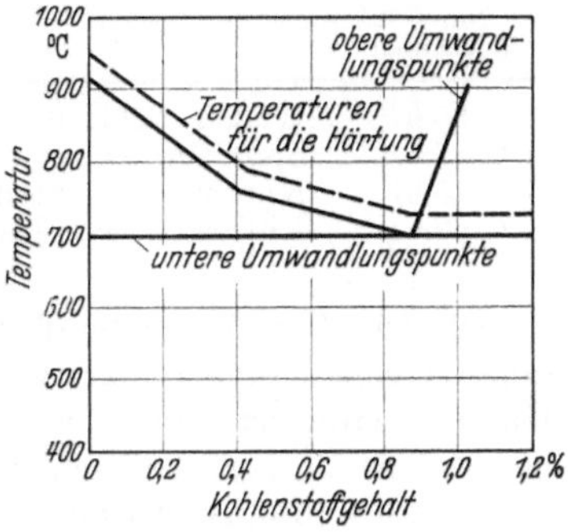

In Abb. 5 ist die Linie der oberen Gefügeumwandlungspunkte für unlegierte Stähle in Abhängigkeit vom Kohlenstoffgehalt dargestellt. Die Temperaturlinie, aus der die Härtung erfolgen soll, ist gestrichelt gezeichnet.

Auf Grund früherer Erfahrungen liegt diese Linie etwa 30° C über der oberen Umwandlungslinie, damit diese Temperatur auch bestimmt erreicht wird. Nach den neueren Er-

Abb. 5. Temperaturlinie für das Härten zum Vergüten in Abhängigkeit vom C-Gehalt.

fahrungen empfiehlt es sich jedoch, wie vorstehend schon erwähnt, aus einer Temperatur, die 50···80⁰ C über dem oberen Umwandlungspunkt liegt, zu härten.

Nach dem Härten erfolgt dann ein Anlassen (Wiedererwärmen) auf eine Temperatur bis höchstens zum unteren Umwandlungspunkt (s. Abb. 5). Dadurch tritt eine wesentliche Steigerung der Zähigkeit ein.

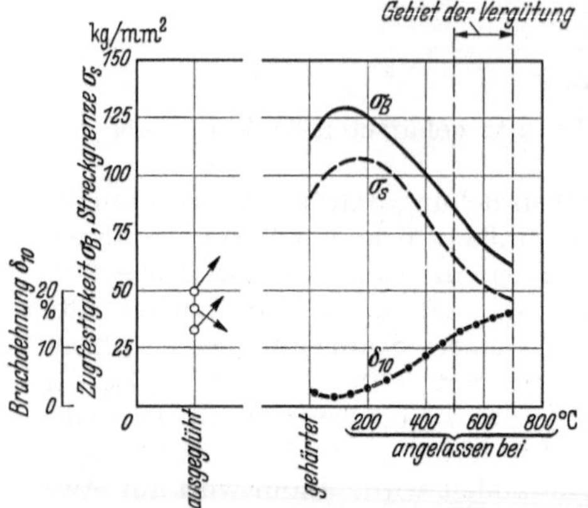

Abb. 6.   Einfluß der Anlaßtemperatur auf die Festigkeitswerte bei einem Stahl von etwa 0,3 % C.

In welchem Maße die Anlaßtemperaturen nach dem Härten die mechanischen Eigenschaften beeinflussen, zeigt Abb. 6. Dieses Bild gilt nur für einen Stahl mit etwa 0,3 % C. Bei einem anderen Kohlenstoffgehalt ändern sich die Werte erheblich.

Wie bei allen unlegierten Stählen werden die unterschiedlichen Eigenschaften durch den verschieden hohen Gehalt an Kohlenstoff erzielt. Mit steigendem C-Gehalt wird eine höhere Härte, aber auch eine größere Sprödigkeit erreicht.

Bei stärkeren Abmessungen lassen sich die unlegierten Stähle nicht mehr gleichmäßig durchvergüten. Die volle Härte im Kern erreicht man nur bei Stücken bis zu 10 mm Durchmesser. Wenn man aber durch Anlassen auf Vergütungsfestigkeit gehen will, kann man bis etwa 40 mm Durchmesser gleichmäßige Eigenschaften erzielen. Trotzdem kann man in der Praxis unlegierte Vergütungsstähle auch für größere Abmessungen verwenden, sofern man beachtet, daß man im Kern nicht die Werte der äußeren Schichten erreicht. Es empfiehlt sich, ständig mit der Vergüterei gute Fühlung zu halten.

Wenn das Stahlwerk den Stahl schon fertig vergütet anliefert, muß beim Verbraucher jede Wärmebehandlung unterbleiben. Es geht also nicht, daß z. B. zwecks leichterer Zerspanbarkeit nun im Betrieb das Stück geglüht wird.

11. Die Anwendungsgebiete für die unlegierten Vergütungsstähle sind aus Tabelle 10 zu ersehen:

Tabelle 10.

Norm-bezeichnung	Verwendungszwecke
St C 25.61	Wellen, Schrauben, Gestänge, Trommelwellen, Hebel.
St C 35.61	Spindeln, Bolzen, Kurbelwellen, Schubstangen, Achsräder.
St C 45.61	Kurbelwellen, Steuerschnecken, Schaltstangen.
St C 60.61	Rillenschienen, Federn.

12. Die Vergütungstemperaturen werden vom Stahlwerk vorgeschrieben und müssen genau eingehalten werden. Es ist wohl heute in jeder gut eingerichteten Härterei eine genügende Kontrolle durch entsprechende Thermometer und Temperaturanzeigegeräte gegeben.

Darüber hinaus ist es aber immer noch eine einfache und gute Kontrolle, durch die Glühfarben des erhitzten Stahles auf die Temperatur zu schließen. Deshalb sind in Tabelle 11 die zu den einzelnen Glühfarben gehörenden Temperaturen verzeichnet. Bei einiger Übung kann man die tatsächlichen Temperaturen auf 10⁰ genau aus der Farbe des erwähnten Stahles bestimmen.

Tabelle 11. Glühfarben mit den dazugehörigen Temperaturgraden.

Glühfarben	°C	Glühfarben	°C
dunkelbraun	etwa 550	gut hellrot	etwa 900
braunrot	„ 630	gelbrot	„ 950
dunkelrot	„ 680	gelb	„ 1000
dunkelkirschrot	„ 740	hellgelb	„ 1100
kirschrot	„ 770	gelbweiß	„ 1200
hellkirschrot	„ 800	weiß	„ 1300
hellrot	„ 850		

Es kommt sehr häufig vor, daß Baustähle ähnlich wie bei Werkzeugen bei geringeren Temperaturen angelassen werden müssen, um die Zähigkeit zu erhöhen oder um Spannungen auszugleichen. Hierbei ist man zur Temperaturkontrolle sehr oft auf die dabei auftretenden Anlaßfarben angewiesen (Tab. 12).

Tabelle 12. Anlaßfarben mit den dazugehörigen Temperaturgraden.

Anlaßfarben	°C	Anlaßfarben	°C
blank	etwa 20	dunkelbraun	etwa 290
blaßgelb	„ 200	kornblumenblau	„ 300
strohgelb	„ 220	hellblau	„ 320
braun	„ 240	blaugrau	„ 350
purpur	„ 260	grau	„ 400
violett	„ 280		

Da man den Stahl an der Luft und damit bei Zutritt von Sauerstoff anläßt, werden die Farben durch oxydische Schichten hervorgerufen. Sie gelten aber nur für eine bestimmte Zeit der Wärmeeinwirkung. Bei einer längeren Anlaßdauer kann auch mit einer niedrigeren Anlaßtemperatur eine dunklere Anlaßfarbe erzielt werden.

Bei hochprozentigen Chromstählen und rostfreien Stählen sind die zu einer bestimmten Anlaßfarbe gehörenden Temperaturen höher, da sich diese Oxydationsschichten erst später bilden. Zum Beispiel tritt gelb erst bei 400° und blau erst bei 500° auf. Diese Eigentümlichkeit muß man beachten, damit man die Rostbeständigkeit nicht durch zu hohes Anlassen schädigt.

D. Die Zerspanbarkeit der unlegierten Baustähle.

Die Zerspanbarkeit der Stähle nach DIN 1611 und DIN 1661 kann gemeinsam behandelt werden.

Da die Baustähle in den meisten Fällen ihre einbaufähige Form durch spanabhebende Bearbeitung erhalten, sind die anwendbaren Schnittgeschwindigkeiten sowie Vorschübe und Spantiefen die Grundlage für die Arbeitsplanung und die Kostenrechnung. Die am häufigsten vorkommende Zerspanungsart ist das Drehen. Hierfür sind auch die klarsten und verwendbarsten Unterlagen vorhanden. Diese Werte geben gleichzeitig auch einen guten Anhaltspunkt, ob ein Stahl schwerer oder leichter zerspanbar ist als der andere.

In dem vorliegenden Buch werden daher nur die Richtwerte für das Drehen angegeben. Die übrigen Angaben — Fräsen, Bohren usw. — müssen in den einschlägigen Werken nachgelesen werden[1].

---

[1] BRÖDNER: Zerspanung und Werkstoff. VDI-Verlag 1934. — LEYENSETTER: Grundlagen und Prüfverfahren der Zerspanung. RKW-Veröffentlichung 114. — KREKELER: Die Zerspanbarkeit der Werkstoffe. WB. Heft 61.

13. Schnittgeschwindigkeit und Standzeit. Man hat bei der Auswertung der Versuchsergebnisse in Anlehnung an frühere Arbeiten des Ausschusses für Wirtschaftliche Fertigung (AWF) und der Arbeitsgemeinschaft deutscher Betriebsingenieure (ADB) als Kennzeichen der Zerspanbarkeit die Schnittgeschwindigkeit gewählt, bei der unter bestimmten Spanbedingungen der Drehmeißel 60 Minuten unter Schnitt stehen kann, bis er wegen Abstumpfung erneuert werden muß. Diese Schnittgeschwindigkeit hat man mit v_{60} bezeichnet. Sie hat die Dimension m/min. Eine hohe v_{60}-Ziffer ist also ein Zeichen für eine leichte und eine kleine v_{60}-Ziffer für eine schwere Zerspanbarkeit. Sie gilt nur für den Grobschnitt und nur für Schnelldrehstahl.

Für Feinschnittarbeiten, Automatendrehen und bei Verwendung von Hartmetallen muß man Zeiten von 240 und 480 Minuten wählen. Man spricht dann von v_{240} und v_{480}.

Bei den Arbeiten des Aachener Werkzeugmaschinen-Laboratoriums wurde festgstellt, daß die Verdoppelung des Vorschubes einen doppelt so großen Abfall der Schnittgeschwindigkeit v_{60} zur Folge hat als die Verdoppelung der Spantiefe.

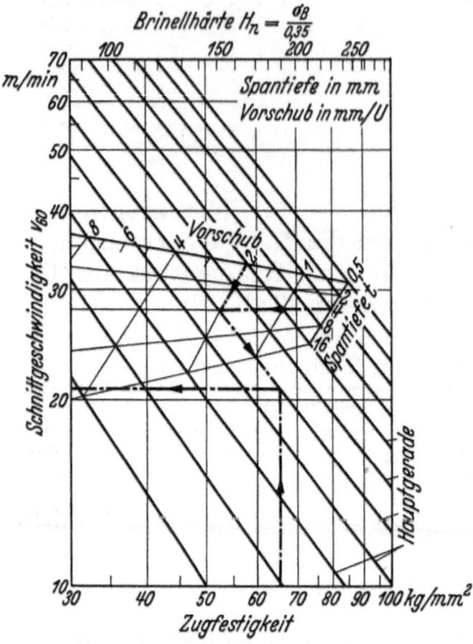

Abb. 7. Zerspanungsschaubild für Stahl und Stahlguß. (Nach Wallichs-Dabringhaus.)

Man hat nun aus diesen ganzen Versuchen eine Bestimmungstafel für die Bearbeitung von Stahl und Stahlguß zusammengestellt (Abb. 7). Diese Tafel ist wie folgt zu benutzen:

Angenommen 4 mm Spantiefe und 2 mm Vorschub je Umdrehung. Diese beiden Linien treffen sich auf einer Hauptgraden, die von links oben nach rechts unten verläuft. Da bei diesem Beispiel Werkstoff von einer Festigkeit von 65 kg/mm² zerspant werden soll, geht man von der Abszissenachse senkrecht hoch, bis man auf die durch Spantiefe und Vorschub festgelegte Hauptgerade trifft. Von diesem Punkt geht man nach links zur Ordinatenachse und kann dort die v_{60}-Ziffer mit 21 m/min ablesen.

Das Spanbild ist brauchbar für Stähle bis 100 kg/mm² Festigkeit und einen Kohlenstoffgehalt bis 0,40%, desgleichen für die Chromnickelstähle der DIN 1662 sowie die Chrom- und Chrommolybdänstähle nach DIN 1663. Bei den Schnittbedingungen sind die Vorschübe von 0,5···8 mm/Umdr. und die Spantiefen von 1···16 mm begrenzt.

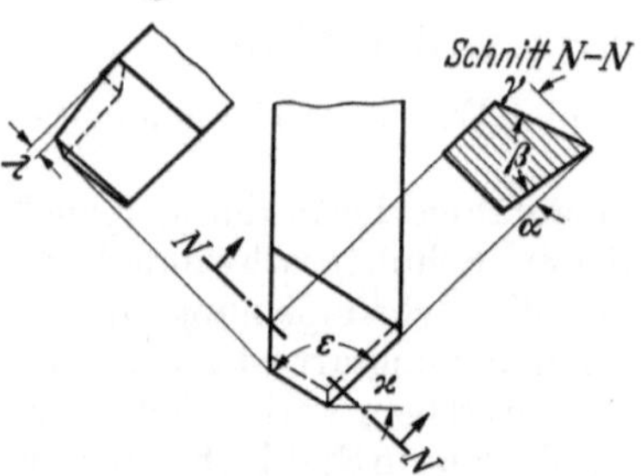

Abb. 8. Winkel an Schneidstählen nach DIN 4931.

Die Abmessungen und Winkel (Abb. 8) der Werkzeuge sind in Tabelle 13 angegeben, die Zusammensetzungen des für die Versuche zur Aufstellung der Abb. 7 verwendeten Stahles in seiner damaligen und, zwecks Andeutung der neueren Entwicklung, in seiner heutigen Ausführung in Tabelle 14.

Tabelle 13. Die Winkel der Werkzeuge.

Freiwinkel . . . . . . 7°	Spanwinkel . . . . . 12°	Meißelspitze (Abrundung) 3 mm
Keilwinkel . . . . . 71°	Spitzenwinkel . . . . 105°	Einstellwinkel . . . . . 30°

Tabelle 14. Der Stahl[1] für die Werkzeuge.

Alte Zusammensetzung		Heutige Zusammensetzung	
C	$0{,}65 \cdots 0{,}75\,\%$	C	$0{,}75\,\%$
W	$18{,}0 \cdots 19{,}0\,\%$	W	$12{,}5\,\%$
V	$1{,}5 \cdots 1{,}7\,\%$	V	$1{,}9\,\%$
Co	$2{,}5\,\%$	Co	$2{,}4\,\%$
Cr	$4{,}5\,\%$	Cr	$4{,}25\,\%$
Mo	—	Mo	$1{,}9\,\%$

Das Zerspanungsschaubild ist für einen Einstellwinkel von 45⁰ berechnet. Je nach dem Einstellwinkel ändert sich die v_{60}-Ziffer. Bei einem Einstellwinkel von 30⁰ ist ein längerer Teil der Schneidkante unter Schnitt als bei 60⁰. Daher wird die Schneidkante bei 30⁰ nicht so belastet und hält länger. Die Tabelle 15 gibt für die wichtigsten Einstellwinkel die Umrechnungsziffer.

Tabelle 15.

Einstellwinkel ⁰	30	45	60	90
Umrechnungsziffer für v_{60}	1,25	1	0,8	0,66

14. Schnittkennziffer und Bogenspandicke. Die Erkenntnis, daß die Schnittgeschwindigkeit um so größer sein kann, je länger und schmaler der Span durch die Einstellung der Werkzeuge wird, brachte LEYENSETTER zu der Ansicht, daß die „Schnittkennziffer" von Wichtigkeit ist[2].

Mit Schnittkennziffer bezeichnet man das Verhältnis der unter Schnitt stehenden Schneidkantenlänge l in mm zu dem Produkt aus der Spantiefe a und dem Vorschub s (Spanquerschnitt).

$$\text{Schnittkennziffer} = \frac{l}{a\,s} = mm^{-1}.$$

Die Schnittkennziffer hat die Dimension mm^{-1}. Diese ist schwer vorstellbar. Vom AWF wurde daher angeregt, statt dessen den reziproken Wert (Kehrwert) zu nehmen. Dafür hat man den Ausdruck Bogenspandicke gewählt, die in mm bestimmt ist.

$$\text{Bogenspandicke} \quad m = \frac{a\,s}{l}\ mm.$$

Abb. 9 zeigt, was unter Bogenspandicke zu verstehen ist.

Wenn man nun Schaubilder zeichnet, in denen man die Schnittgeschwindigkeit in Abhängigkeit von der Bogenspandicke aufträgt, bekommt man einen guten Einblick in die Zusammenhänge zwischen Schnittgeschwindigkeit und Spanzusammensetzung. Der AWF hat in der jüngsten Zeit eine Reihe wertvoller Blätter für Hartmetalle[3] herausgegeben, bei denen die Bogenspandicke schon benutzt wurde. Diese Blätter sind eine gute Ergänzung der Aachener Bestimmungstafel.

In Gemeinschaft mit dem technischen Hartmetall-Ausschuß der Hartmetallhersteller und dem AWF sind vom 1. 10. 1939 an die folgenden Kennfarben und Kennbuchstaben gültig (Tabelle 16).

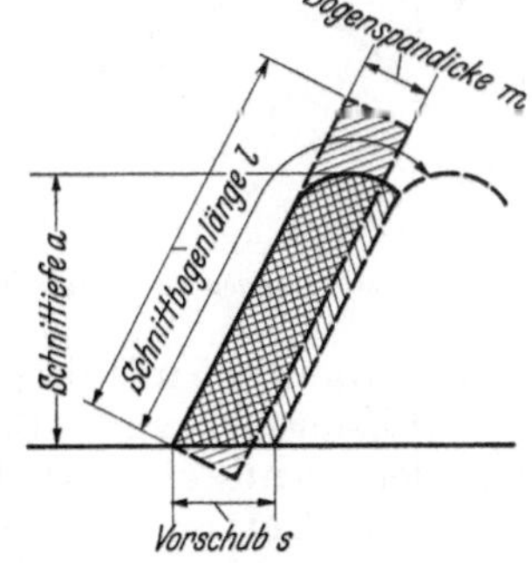

Abb. 9. Die Bogenspandicke.

---

[1] Super Rapid Extra 214 der Gebr. Böhler & Co. A.-G.; heute hat der Stahl die Bezeichnung Super Rapid Extra 214 N. — Allgemeine Angaben über die neueren legierten Werkzeugstähle siehe WB. 7 „Härten und Vergüten des Stahles" und WB. 50 „Die Werkzeugstähle".

[2] Die Schnittgeschwindigkeit bei dem Zerspanungsvorgang. Werkzeugmasch. Jg. 35 (1931) S. 363.

[3] Nachstehend ein Verzeichnis der Hartmetallhersteller: Böhlerit: Gebr. Böhler & Co. A.-G. — Miramant: Röchlingsche Eisen- und Stahlwerke G.m.b.H. — Rheinit: Rheinmetall-Borsig A.-G. — Titanit: Deutsche Edelstahlwerke A.-G. — Widia: Fried. Krupp A.-G.

Zunächst hat man, um die jeweilige Ermittlung der Bogenspandicke zu ersparen, Kurven aufgestellt. Wir geben nachfolgend aus dem Blatt AWF 121a nur einen Ausschnitt für die Einstellwinkel von 45⁰ und $r = 0{,}5 \cdots 3$ mm. Im übrigen sei auch noch auf Blatt AWF 121b verwiesen.

Ermittlung der Bogenspandicke nach AWF 121a[1]

Bogenspandicke $\quad m = \dfrac{a}{l}\,s$.

Es bedeuten:

$a =$ Schnittiefe in mm
$s =$ Vorschub in mm/U
$l =$ unter Schnitt stehende
    Schneidkantenlänge in mm.

Die Angaben der Tafel AWF 121a umfassen folgenden Bereich:

Schnittiefe $\quad a = 0{,}5 \cdots 10$ mm
Vorschub $\quad s = 0{,}05 \cdots 2$ mm/U
Einstellwinkel $\varkappa = 30^0;\ 45^0$
Netztafeln für $\varkappa = 65^0$ und 85^0
          in der Tafel
          AWF 121b

Abrundung der
Schneidenspitze $r = 0{,}5;\ 1;\ 2;$
          3 mm
Spitzenwinkel ε kann 90 bis 105⁰ betragen.

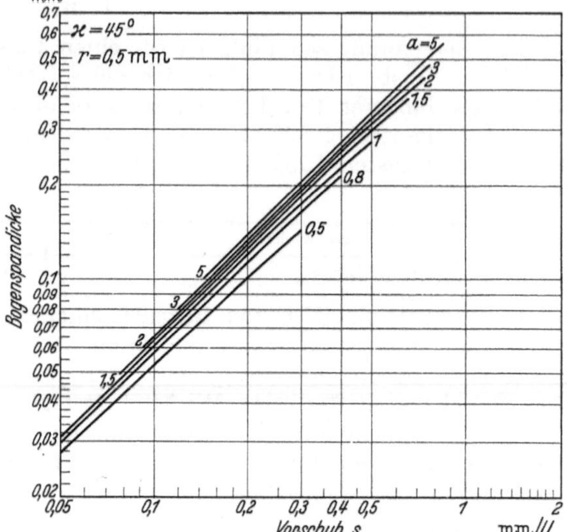

Abb. 11. Bogenspandicke bei $\varkappa = 45^0$, $r = 0{,}5$ mm.

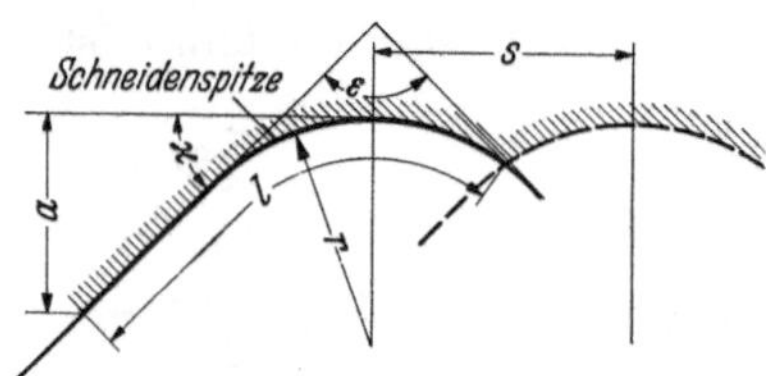

Abb. 10. Bezeichnungen zur Bogenspandicke.

Die Bogenspandicke dient als Hilfsmittel zur Bestimmung der Standzeitschnittgeschwindigkeiten beim Drehen (wie v_{60}, v_{240} oder v_{480}) **für verschiedene Schnittiefen, Vorschübe und Schneidenformen.**

Als Standzeitschnittgeschwindigkeit wird die Schnittgeschwindigkeit für eine bestimmte Standzeit des Werkzeuges bezeichnet, z. B. ist v_{240} **die Schnittgeschwindigkeit für**

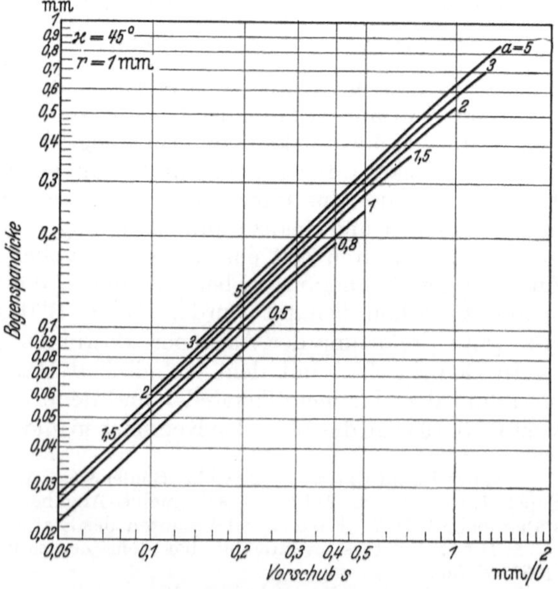

Abb. 12. Bogenspandicke bei $\varkappa = 45^0$, $r = 1$ mm.

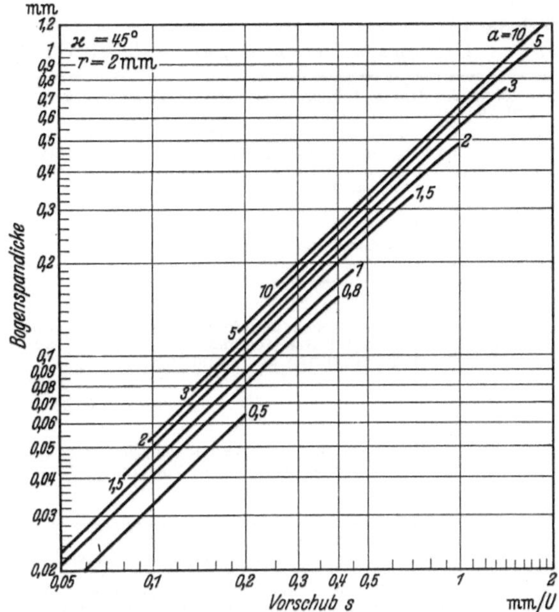

Abb. 13. Bogenspandicke bei $\varkappa = 45^0$, $r = 2$ mm.

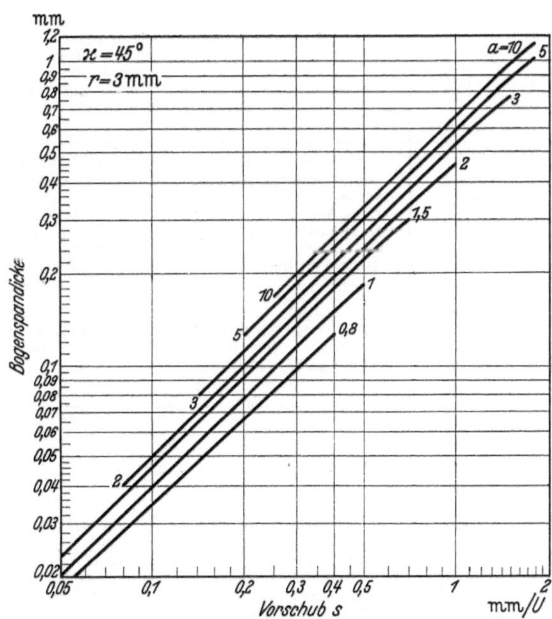

Abb. 14. Bogenspandicke bei $\varkappa = 45^0$, $r = 3$ mm.

eine Standzeit von 240 Minuten. Die Bogenspandicke (Abb. 9 u. 10) ist abhängig von Schnitttiefe, Vorschub, Einstellwinkel und Schneidenabrundung. Zur einfachen und schnellen Ermittlung der Bogenspandicke sind die Netztafeln Abb. 11···14 aufgebaut worden, aus denen sie für verschiedene Span- und Schneidenformen unmittelbar abgelesen werden kann. Die zugehörige Standzeitschnittgeschwindigkeit ist aus den Schaubildern in den AWF-Richtwerten für das Drehen mit Hartmetallwerkzeugen zu entnehmen. In diesen Schaubildern ist für verschiedene Werkstoffe die Standzeitschnittgeschwindigkeit in Abhängigkeit von der Bogenspandicke aufgetragen. Je größer die Bogenspandicke, um so kleiner ist die zugehörige Standzeitgeschwindigkeit (Abb. 15 u. 16).

Beispiel: Gesucht wird die Bogenspandicke für folgende Schnittbedingungen:

Schnittiefe $a = 1{,}0$ mm
Vorschub $s = 0{,}25$ mm U
Einstellwinkel $\varkappa = 45^0$
Schneidenabrundung $r = 1$ mm.

Aus der Netztafel für $\varkappa = 45^0$, $r = 1$ mm (Abb. 12) ist die Bogenspandicke $m = 0{,}132$ zu entnehmen. Die zugehörige Schnittgeschwindigkeit ist dann aus dem Schaubild Abb. 15 für das Drehen der verschiedenen Werkstoffe mit Hartmetallen abzulesen. Zum Beispiel beträgt hier für Stahl St 85:

$$v_{240} = 135 \text{ m/min.}$$

Die AWF-Richtwerttafeln für die Standzeitgeschwindigkeiten v_{240} und v_{480} (Abb. 15 und Abb. 16) gelten für St 50.11, St 60.11, St 70.11 und St 85.

In den AWF-Blättern 122, 123, 124 und 125 sind dann noch ausführlichere Werte angegeben.

Tabelle 16.
Richtlinien für die Kennzeichnung von Hartmetallwerkzeugen nach AWF 118

In Gemeinschaft mit dem technischen Hartmetallausschuß der Hartmetallhersteller vom AWF herausgegeben. Gültig ab 1. 10. 1939.
Der Schaft für die Werkzeuge (Drehwerkzeuge) wird schwarz oder naturfarben gehalten. Die Hartmetallgruppe (Qualität) wird durch einfarbige Kappe gekennzeichnet, die am hinteren Schaftende etwa 30 mm lang aufgebracht wird. Markenbezeichnung (z. B. Bö, Mi, Rh, Ti, Wi) sowie Kennbuchstabe und Kennziffer werden an der linken Schaftseite (vom hinteren Schaftende aus gesehen) angebracht.

Farbenkennzeichnung	Kennfarbe	Kennbuchstabe u. Kennziffer (Hartmetallgruppe)	Anwendungsbereiche der Hartmetallgruppen
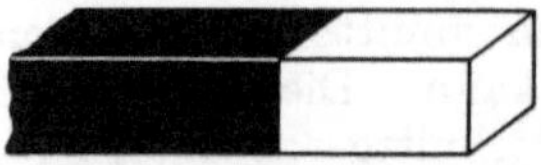	grau	**F 1** früher Reihe 0*	Feinstdrehen und Feinstbohren von Stahl, d. h. bei Arbeiten mit sehr kleinen Spanquerschnitten und Schnittkräften
	schwarz	**S 1** früher Reihe I*	S 1 für hohe Schnittgeschwindigkeiten bei kleinen bis mittleren Vorschüben
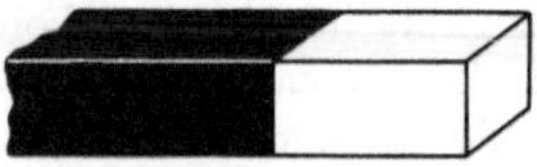	weiß	**S 2** früher Reihe II*	S 2 für mittlere Schnittgeschwindigkeiten bei kleinen bis großen Vorschüben (bis 2 mm/U), insbesondere bei Verwendung älterer Werkzeugmaschinen sowie bei Arbeiten mit unterbrochenem Schnitt oder wechselnden Schnittiefen. Die Schnittgeschwindigkeiten liegen etwa 40 v. H. tiefer als die für Gruppe S 1
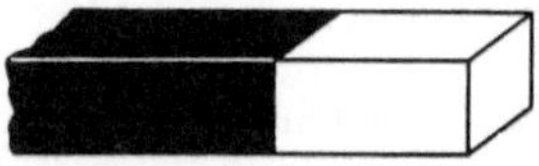	rot	**S 3** früher Reihe III*	S 3 für niedrige und mittlere Schnittgeschwindigkeiten bei mittleren bis großen Vorschüben (bis 3 mm/U), insbesondere für Arbeiten mit stark wechselnden Schnittiefen oder unterbrochenem Schnitt. Die Schnittgeschwindigkeiten liegen etwa 60 v. H. tiefer als die für Gruppe S 1
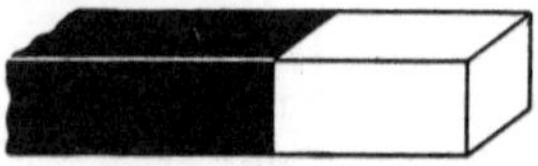	blau	**G 1** früher Reihe IV*	Bearbeitung von Gußeisen unter 200 Brinell, Kupfer, Kupferlegierungen, Messing, Leichtmetallen, Kunst- und Preßstoffen und ähnlichen Werkstoffen; ferner zum Bestücken von Drehbankkörnerspitzen, Meßlehren, Mikrotastwerkzeugen und Gleitflächen von Führungsschienen
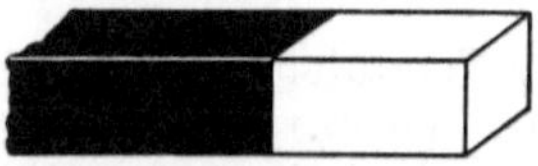	braun	**G 2**	Bearbeitung von Kunst- und Hartholz, Faserstoffen, verschiedenen Preßstoffen und für Schlagbohrwerkzeuge
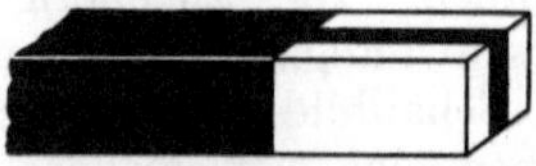	blau mit schwarzem Streifen	**G 3**	Bearbeitung von Elektrodenkohle
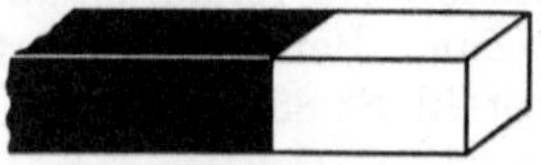	gelb	**H 1** früher Reihe V*	Bearbeitung von Hartguß, Gußeisen über 200 Brinell, Gußeisen mit harten Stellen in der Randschicht, Temperguß, Glas, Porzellan Gesteine, Hartpapier
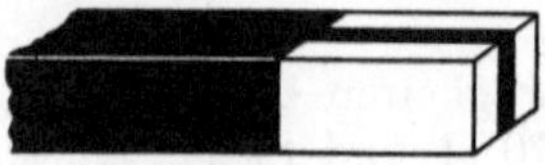	gelb mit schwarzem Streifen	**H 2**	Spezial-Hartguß (z. B. Ni-legierter Hartguß) über 100 Shore

Die Spalten S 1, S 2 und S 3 tragen die gemeinsame Randbeschriftung: Bearbeitung von Stahl, u. Stahlguß aller Art.

* Bisherige Gruppenbezeichnung nach Tafel AWF 119 „Durchschnittswerte für Schnittwinkel und Schnittgeschwindigkeiten beim Drehen mit Hartmetallwerkzeugen".

Für die Stähle St 34.11, St 37.11, St 42.11 wurden keine Tafeln aufgestellt, da die Zerspanung keine besonderen Schwierigkeiten bietet. Bei Bearbeitung mittels Schnelldrehstahl gilt für diese Werkstoffe die Aachener Bestimmungstafel. Bei Hartmetall gibt die Tabelle 17 Richtwerte an:

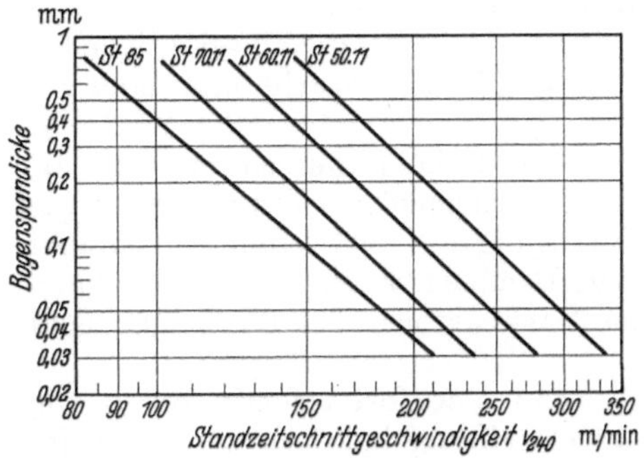

Abb. 15. Richtwerte für das Drehen mit deutschem Hartmetall für v_{240}.

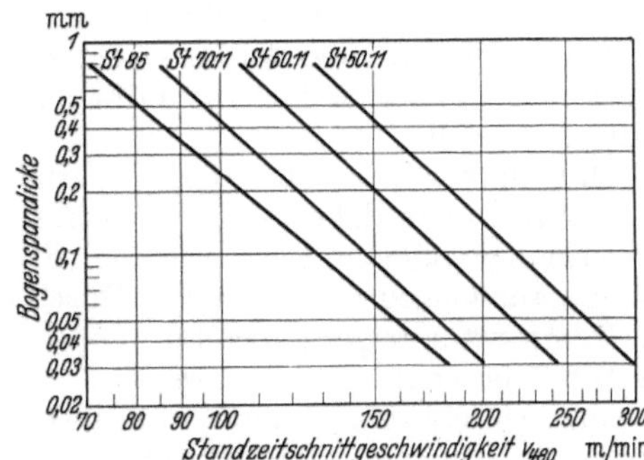

Abb. 16. Richtwerte für das Drehen mit deutschem Hartmetall für v_{480}.

Tabelle 17. Richtwerte für die Bearbeitung mit Hartmetall[1].

Werkstoff	Festigkeit kg/mm²	Hartmetall[2]	Schnittwinkel		Schnittgeschwindigkeit	
			Freiwinkel	Spanwinkel	Schruppen m/min	Schlichten m/min
St 34.11	bis 50	S 1	5···8	15···18	180···250	250···350
St 37.11	bis 50	S 1	10	12···14	180···250	250···350
St 42.11	bis 50	S 1	4···6	16···20	180···250	250···350

E. Die Schweißbarkeit der unlegierten Baustähle.

15. Allgemeines, Schweißverfahren. Die Schweißbarkeit der Stähle hat in den letzten Jahren eine solche Bedeutung bekommen, daß bei jeder Beschreibung eines Werkstoffes diese Angaben genau so notwendig sind, wie die Erwähnung der Analyse, der physikalischen Eigenschaften u. a. m.

Der Verbrauch an Schweißdraht ist für das Jahr 1938 auf 60000 t geschätzt worden. Diese Zahl läßt erkennen, welch breites Anwendungsgebiet die verschiedenen Schweißverfahren gefunden haben.

Unter Schweißbarkeit versteht man das Verhalten der Werkstoffe bei Anwendung der verschiedenen Schweißverfahren. Sie wird außerdem noch durch den Werkstoff selbst und die Zusatzwerkstoffe beeinflußt.

Früher kannte man zur innigen Verbindung zweier Werkstoffe nur die Feuerschweißung. Die zu verschweißenden Teile werden auf Schweißhitze gebracht und durch Hämmern, Walzen oder Ziehen unter Druck verschweißt. Hierbei wird die entstandene Schlackenschicht herausgepreßt und die Stahlkristalle wachsen zusammen. Die Entfernung der Schlacke wird durch Flußmittel, wie Sand, Borax, Soda usw. begünstigt.

Über die Feuerschweißbarkeit werden in den Normblättern jeweils unter der Spalte „Eigenschaften" entsprechende Angaben gemacht. Ganz allgemein kann man sagen, daß die Feuerschweißbarkeit um so besser ist, je geringer der Gehalt

---

[1] Vgl. auch WB. Heft 62 „Hartmetalle in der Werkstatt".

[2] Bei Verwendung von Hartmetall S 2 oder S 3 gelten für die Schnittgeschwindigkeit die Angaben der Tabelle 16.

an Legierungsbestandteilen ist. Besonders störend wirken Silizium und Chrom, letzteres durch die Bildung zäher Oxydhäutchen.

Die Grenze des zulässigen Kohlenstoffgehaltes liegt bei etwa 0,5% C; unter Verwendung von Flußmitteln kann man jedoch Stähle mit höherem Kohlenstoffgehalt und Gehalt an Legierungsbestandteilen feuerschweißen.

Bei der elektrischen Widerstandsschweißung[1] werden die zu schweißenden Stücke durch elektrischen Strom örtlich auf Schweißhitze gebracht und dann zusammengepreßt.

Man unterscheidet bei diesen Verfahren zunächst die Punktschweißung. Sie hat ihren Namen daher, daß durch besondere Elektrodenkörper dünne Bleche gewissermaßen punktweise durch den Stromdurchgang auf Schweißhitze gebracht und zusammengedrückt werden. Durch richtige Bemessung des Stromstoßes kann die Temperatursteigerung so kurz sein, daß die Nachbarzonen der Bleche gar nicht in Mitleidenschaft gezogen werden.

Man spricht von einer Nahtschweißung, wenn eine fortlaufende Reihe von Punktschweißungen erzeugt wird. Die Punktschweißung hat sich bei der Feinblechverarbeitung ein großes Anwendungsgebiet erobert.

Ein weiteres Verfahren, welches zur Widerstandsschweißung gehört, ist die Stumpf- und Abbrennschweißung. Hierbei werden die zu verschweißenden Stücke (Rund-, Vierkant- oder sonstige Profile, Bleche, Blättchen) in entsprechend geformte Backen, die auch die Stromzufuhr übernehmen, gespannt. Die beiden Stoßkanten werden dann gegeneinandergeführt und nach Erwärmung auf Schweißhitze mittels eines von Hand gesteuerten Schlittens fest zusammengepreßt. Geringe Unebenheiten der Schnittflächen werden durch wiederholtes kurzes tastendes Berühren abgeschmolzen, ehe die eigentliche Verschweißung erfolgt. Bei der elektrischen Widerstandsschweißung braucht man auf den Werkstoff kaum Rücksicht zu nehmen, da sich sogar Schnelldrehstahlplättchen anschweißen lassen. Nur müssen die Oberflächen bzw. Stoßstellen metallisch blank sein, damit der Stromdurchgang gleichmäßig ist.

Die Gasschmelzschweißung und die elektrische Lichtbogenschweißung werden in den Betrieben weitaus am häufigsten angewendet.

16. Bei der Gasschmelzschweißung[2] dient die Flamme eines im Schweißbrenner erzeugten Gas-Sauerstoff-Gemisches dazu, die zu verschweißenden Stellen und den Zusatzdraht zu verflüssigen. Als Brenngas kommt hauptsächlich Azetylen zur Verwendung. Es wird auch Leuchtgas, Wasserstoff, Benzoldampf u. a. m. benutzt.

Bei dünnen Blechen, bei der Herstellung autogen geschweißter Rohre, Fässer usw. wird meist ohne Zusatzdraht geschweißt. In allen anderen Fällen wird ein Zusatzdraht benutzt, dessen richtige Auswahl von großem Einfluß auf die Güte der Naht ist.

Bei der Verwendung von Zusatzdraht unterscheidet man die Rechtsschweißung (Vorwärtsschweißung oder Brenner-voran) und die Linksschweißung (Rückwärtsschweißung oder Draht-voran). Wie aus Abb. 17 hervorgeht, ist die Bezeichnung Brenner-voran und Draht-voran am sinnfälligsten[3]. Die Abb. 17 zeigt die beiden Verfahren, je nachdem der Brenner in der rechten oder in der linken Hand geführt wird.

In der letzten Zeit wendet man immer mehr die Brenner-voran-Schweißung an, da sie sehr große Vorteile hat. Die Schweißtechnische Versuchsanstalt der Deutschen Reichsbahngesellschaft in Wittenberge hat durch Versuche festgestellt,

---

[1] Vgl. auch WB. Heft 73 „Widerstandsschweißen".
[2] Vgl. WB. Heft 13 „Die neueren Schweißverfahren".
[3] KOMERS u. PÜNGEL: Werkstoffhandbuch E 11.

daß Gesamtersparnisse an Gas und Arbeitszeit von 25% im Mittelwert erzielt werden können. Auch die physikalischen Gütewerte steigen ähnlich an.

Für die Veranschlagung von Schweißarbeiten werden folgende Faustformeln gegeben, in denen s die Blechdicke in mm bedeutet:

Für die Schweißzeit in Min. je Meter Schweißnaht $T = 3 \cdots 4 s$.

Für den Drahtverbrauch in g je Meter Schweißnaht $G = 10 s^2$.

Für den Gasverbrauch in Litern je Meter Schweißnaht $Q = 7 s^2$.

Die Tabelle 18 gibt noch einen Überblick über die allgemeinen Zusammenhänge zwischen Blechstärke, Brenngröße, Durchmesser des Zusatzdrahtes usw.

Die unlegierten Kohlenstoffstähle sind mittels Gasschmelzschweißung ohne weiteres schweißbar.

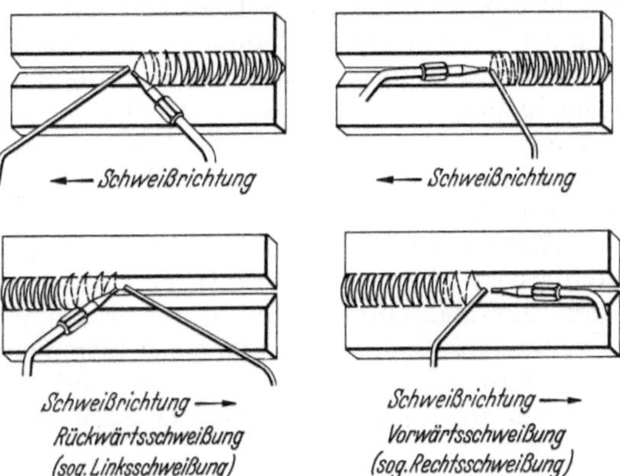

Abb. 17. Schema der Rückwärts- und Vorwärtsschweißung.

Tabelle 18.

Blech-stärke s mm	Schweiß-draht-durch-messer mm	Abschmelzmenge		Azetylen		Sauerstoff		Arbeits-leistung je Stunde
		etwa Gramm	in min	etwa Liter	bei Atm	etwa Liter	bei Atm	etwa Meter
0,5	1	15	7	4,6	0,01	5	0,6	9
1	1,5	20	9	13	0,01	14,3	0,8	6,8
2	2	50	11	36	0,01	39,6	1,0	5,4
4	3	180	17	103	0,01	112	1,2	3,6
6	4	375	22	220	0,01	240	1,5	2,7
8	5	650	29	345	0,01	375	1,8	2,1
10	6	1000	35	675	0,01	730	1,8	1,7
15	8	1900	48	1265	0,01	1375	2,1	1,22
20	8	2400	66	2100	0,01	2260	2,5	0,9
25	8	3200	90	3220	0,01	3480	2,8	0,68
30	10	4500	110	4950	0,01	5390	3,5	0,54
40	10	6000	155	7260	0,01	7920	3,8	0,36
50	10	7200	176	9075	0,01	9900	4,5	0,32

$\longleftarrow$ je Meter Nahtlänge $\longrightarrow$

Auch legierte Stähle bieten bei entsprechender Sorgfalt keine Schwierigkeiten.

Der Schweißdraht, der als Zusatzwerkstoff verwendet wird, soll im allgemeinen die gleiche Zusammensetzung haben wie der zu verschweißende Werkstoff. Bei unlegierten Stählen wird meist ein Draht mit etwa 0,12% Kohlenstoff, 0,5% Mangan benutzt, wobei der Mangangehalt als Desoxydationsmittel erwünscht ist.

Die Zusatzdrähte sollen einen möglichst geringen Gehalt an nichtmetallischen Einschlüssen haben. Außerdem kann man durch eine neutrale Flammenführung eine chemische Veränderung der flüssigen Schweiße verhindern.

17. Bei der Lichtbogenschweißung[1] ist das gebräuchlichste Verfahren die Verwendung eines Schweißdrahtes als metallische Elektrode, die gleichzeitig Zusatz-

---

[1] Vgl. WB. Heft 43 „Lichtbogenschweißen" und Heft 74 „Praktische Regeln für den Elektroschweißer".

werkstoff ist. Der Lichtbogen, der zwischen dem Werkstoff und dem Schweißdraht gebildet wird, schmilzt den Grundwerkstoff auf, den Draht ab, und vereinigt beides im Schweißbad. Im elektrischen Lichtbogen sind sehr viel schwierigere Verhältnisse als in der Gas-Sauerstoff-Flamme. Zunächst muß der Draht nichtmetallische Werkstoffe enthalten, um den Lichtbogen ruhig halten zu können. Dann muß der Lichtbogen möglichst kurz gehalten werden, um in der Schweiße die allzu reichliche Aufnahme von Sauerstoff und Stickstoff zu vermeiden. Und schließlich verbrennen im Lichtbogen noch eine Reihe von Legierungsbestandteilen, vor allem Mangan und Kohlenstoff.

Außerdem wird noch verlangt, daß der Einbrand gut ist und die Schweißnaht porenfrei ist. Diese schwierigen Verhältnisse muß man durch geeignete schweißtechnische Maßnahmen und durch richtige Schweißdrähte meistern. Bei den schweißtechnischen Maßnahmen ist folgendes zu beachten:

Als Stromquelle kann man Gleich- und Wechselstrom verwenden. Gleichstrom ist jedoch zu bevorzugen, zumal er auch das Verschweißen von blanken Drähten ermöglicht.

Beim Schweißen mit Gleichstrom muß man auf den Polanschluß achten. Die größere Wärmeentwicklung beim Schweißen mit dem Schweißdraht am Pluspol bewirkt ein rascheres Abschmelzen. Beim Schweißen mit dem Draht am Minuspol wird ein tieferer Einbrand im Werkstück erzielt.

Blanke Drähte und Seelendrähte mit geringerem Kohlenstoffgehalt (unter 0,30 %) werden vorzugsweise am Minuspol verschweißt.

Schweißdrähte über 0,30 % C sowie legierte Drähte und alle Mänteldrähte werden am Pluspol verschweißt.

Die Tabelle 19 gibt einen Überblick über das Verhältnis von Stromstärke, Spannung, Drahtdurchmesser usw.

Tabelle 19 (nach DATSCH 403).

| Blech-dicke D in mm | Vorbereitung des Werkstückes | Stumpfstoß | | | | | Überlappstoß | |
		Abstand der unteren Blech-kante a in mm etwa	Winkel der Fugen-öffnung b in Grad	Schweiß-draht Durch-messer in mm	Licht-bogen Span-nung Volt	Schweiß-strom-stärke Amp.	Vorbereitung des Werkstückes	Über-lappung b in mm
2		0,5	0	2	26···28	50···60	Kommt praktisch nicht in Frage	
3		1	0	3	26···28	80···90		
4···5	Kupferunterlage	1,5	70	4	26···28	90···120		40
6···7			70	4		100···120		
		2		5	26···28	120···140		50
8···10		2	60	5	28···30	130···150		50
11···15		2	60	5	28···30	150···170		60
16...20		2	60	5	29···32	160···180	$a \approx D$	70
über 20		Bei X-Stößen gelten für jede Seite sinnge-mäß die obigen Zahlen			30···35	160···220		75

Bei den Schweißdrähten werden folgende Gruppen nach ihrer äußeren Beschaffenheit und nach ihrer Eignung unterschieden:

a) **Nackte Drähte.** Bei diesen Drähten sind nichtmetallische Bestandteile vom Schmelzen her im Innern verteilt. Außerdem beeinflussen die geringen Kalkmengen, die beim Ziehen auf den Oberflächen haften geblieben sind, den Lichtbogen günstig.

Für Verbindungsschweißungen kommen sie aber nur dann in Frage, wenn keine besonderen Ansprüche gestellt werden. Es werden Zugfestigkeiten bis zu 40 kg/mm² erreicht. Sie lassen sich senkrecht und überkopf schweißen.

b) Dünnumhüllte Drähte haben eine meist durch Tauchen hergestellte Ummantelung aus nichtmetallischen Stoffen, um die Schweißbarkeit zu verbessern und höhere Anforderungen an die Schweißnaht zu erfüllen.

c) Dickumhüllte Drähte haben einen starken, meist durch Umpressen hergestellten Mantel, der außer schlackenbildenden Teilen auch noch Legierungsbestandteile enthält. Außerdem sind noch Schutzgase abgebende Stoffe vorhanden. Es ergibt sich auch eine bessere Lichtbogenführung und eine metallurgische Beeinflussung der flüssigen Schweiße. Die dickumhüllten Schweißdrähte werden benutzt, wenn an die Schweißnaht sehr hohe Anforderungen gestellt werden; außerdem beim Verschweißen hochlegierter Werkstoffe.

d) Die Seelendrähte haben in Form einer Seele einen Kern aus nichtmetallischen Stoffen, denen je nach Bedarf noch Legierungs-, Desoxydationsmittel und Zusätze mit Richtwirkung beigegeben werden (Abb. 18).

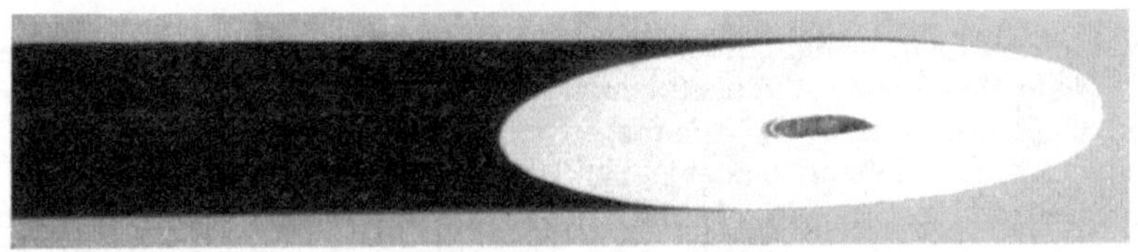

Abb. 18. Schnitt durch einen Seelendraht.

Die Seelendrähte werden dann benutzt, wenn bei sonstigen hohen Anforderungen eine bestimmte Schwingungsfestigkeit verlangt wird. Sie sind besonders für Senkrecht- und Überkopfschweißung geeignet. Im Schiffbau haben sie sich ein großes Anwendungsgebiet erobert, zumal sie geringe Rauchentwicklung haben und durch Zurechtbiegen auch für schwierige Schweißarbeiten in den Ecken benutzt werden können.

In DIN 1913 sind bereits Richtlinien für die Verwendung der Schweißdrähte und die an sie zu stellenden Anforderungen aufgestellt.

Die unlegierten Kohlenstoffstähle lassen sich bis zu einem Kohlenstoffgehalt von 0,35% einwandfrei verschweißen. Bei den Stählen nach DIN 1611 und DIN 1661 bestehen also keine Schwierigkeiten, soweit der obengenannte C-Gehalt oder die Festigkeit von 60 kg/mm² nicht überschritten wird. Wenn aber die höher gekohlten Stähle geschweißt werden sollen, muß man laut HgN 12116 dem Kurzzeichen das Wort „schweißbar" hinzufügen. Gute Schweißbarkeit kann durch einen möglichst niedrigen Kohlenstoffgehalt bei einem entsprechend höheren Mangangehalt erreicht werden. Bei höheren Kohlenstoffgehalten und höheren Festigkeiten hat man gute Erfahrungen mit der Verschweißung austenitischer Drähte gemacht (s. S. 40).

Für die **Planung von Schweißarbeiten** können folgende Faustregeln gegeben werden, worin s die Blechdicke in mm bedeutet:

Drahtverbrauch für Kehlnähte in g je Meter Schweißnaht $G = 6,4\, s^2$.

Der Stromverbrauch kann mit ungefähr 3,25 kWh je kg Schweißgut gerechnet werden.

III. Die Automatenstähle.

18. Kennzeichnung. Unter Automatenstählen versteht man solche Stähle, die bei sonstigen normalen Festigkeitseigenschaften besonders zur spanabhebenden Verarbeitung auf schnellaufenden Revolverbänken und Automaten geeignet sind. Hierzu sind folgende Forderungen zu erfüllen:

a) Die anwendbare **Schnittgeschwindigkeit** muß bedeutend höher sein als bei einem gewöhnlichen unlegierten Stahl gleicher Festigkeit.

b) Die **Späne** müssen kurz und bröckelig sein, um die Werkzeuge zu schonen und die Abführung aus den Maschinen zu erleichtern.

c) Die fertigen Werkstücke müssen eine saubere und gesunde **Oberfläche** haben.

19. Zusammensetzung. Diese günstigen Zerspanungseigenscháften werden in der Hauptsache durch einen erhöhten Schwefelgehalt von $0{,}12 \cdots 0{,}30\%$ erreicht. Der Mangangehalt liegt bei $0{,}5 \cdots 0{,}9\%$. Der Phosphorgehalt wird auch meist bis auf $0{,}15\%$ erhöht; ihm schiebt man in erster Linie einen günstigen Einfluß auf eine saubere und gesunde Oberflächenbeschaffenheit der fertigen Stücke zu. Hierbei ist aber auch die hohe Schnittgeschwindigkeit von Bedeutung, da eine gedrehte Oberfläche um so besser wird, je höher die angewendete Schnittgeschwindigkeit ist.

Der Kohlenstoffgehalt liegt bei den weichen Automatenstählen zwischen $0{,}05$ und $0{,}20\%$. Sie sind also gut einsetzbar. Bei den härteren Sorten geht man nicht über einen C-Gehalt von $0{,}5\%$ hinaus.

Die Automatenstähle sind bisher noch nicht genormt. Es ist jedoch vom Verein deutscher Eisenhüttenleute ein „Merkblatt über Automatenstähle" herausgegeben worden, welches wertvolle und brauchbare Angaben enthält (Tab. 20 und 21).

Tabelle 20. Schnellautomatenweichstähle.
Geseigert und ungeseigert, höchste Schnittgeschwindigkeit anwendbar. Verwendungszweck: Im Einsatz härtbar; Schrauben, Muttern, Formteile, Fahrradteile.

C %	Mn %	P %	S %	Streckgrenze kg/mm²	Festigkeit kg/mm²
$0{,}05 \cdots 0.15$	$0{,}4 \cdots 0{,}8$	bis $0{,}15$	$0{,}15 \cdots 0{,}30$	gewalzt $25 \cdots 35$ gezogen —	$37 \cdots 50$ $45 \cdots 70$

Tabelle 21. Automatenstähle.
a) Weiche Güte, seigerungsfrei. Verwendungszweck: Im Einsatz härtbar; schwierige und dünnwandige Formteile für Kraftwagenbau; Nähmaschinenbau und Apparate.

C %	Mn %	P %	S %	Streckgrenze kg/mm²	Festigkeit kg/mm²
$0{,}06 \cdots 0{,}20$	$0{,}4 \cdots 0{,}8$	bis $0{,}15$	$0{,}08 \cdots 0{,}25$	gewalzt $25 \cdots 35$ gezogen —	$37 \cdots 50$ $45 \cdots 70$

b) Harte Güte, seigerungsfrei. Verwendungszweck: Vergütbar; Teile, die hohen Beanspruchungen ausgesetzt sind oder hohe Flächendrücke ertragen müssen.

C %	Mn %	P %	S %	Streckgrenze kg/mm²	Festigkeit kg/mm²
$0{,}20 \cdots 0{,}50$	$0{,}6 \cdots 1{,}0$	bis $0{,}1$	$0{,}12 \cdots 0{,}25$	$25 \cdots 50$	$45 \cdots 80$

Bei dieser Zusammensetzung der Automatenstähle bilden sich, wie dies auch beabsichtigt ist, Einschlüsse aus Eisen- und Mangansulfid. Man strebt hierbei an, daß bei einem höchstmöglichen Schwefelgehalt eine sehr feine und gleichmäßige

Verteilung dieser Einschlüsse vorhanden ist. Außerdem strebt man ein grobkörniges Gefüge an.

Man kann einen Automatenstahl so herstellen, daß man ihn unberuhigt vergießt. Infolgedessen bildet sich ein Seigerungskern der Einschlüsse und man bezeichnet diesen Stahl als geseigert. In diesem Zustand hat der Automatenstahl seine beste Zerspanbarkeit. Dem stehen aber geringere mechanische Eigenschaften, besonders hinsichtlich der Kerbzähigkeit und Schwingungsfestigkeit, gegenüber.

Wenn man mehr Wert auf diese Eigenschaften legen muß, verwendet man einen beruhigt vergossenen Stahl, bei dem man den Ofeninhalt beim Vergießen durch Zugabe von Silizium oder Aluminium beruhigt. Diese Stähle mit gleichmäßiger Schwefelverteilung über den ganzen Querschnitt bezeichnet man als ungeseigerte Stähle. Sie zeigen eine schlechtere Zerspanbarkeit, verhalten sich aber bei der Einsatzhärtung günstiger als ein geseigerter Stahl.

Die Automatenstähle werden meist in kaltgezogenem Zustand verarbeitet. Trotz der dadurch bedingten, meist $10 \cdots 20\ \mathrm{kg/mm^2}$ höheren Festigkeit leidet die Zerspanbarkeit nicht. Durch eine Wärmebehandlung (etwa Normalglühen) wird sie beeinträchtigt.

Neuerdings geht man auch dazu über, Cr-Ni-Stähle und nichtrostende Stähle mit Schwefelgehalten von $0,15 \cdots 0,20\,^0/_0$ ohne wesentliche Beeinträchtigung ihrer sonstigen Eigenschaften herzustellen. Die hierdurch gegebene Möglichkeit der Verarbeitung auf schnellaufenden Automaten wird diesen Stählen viele neue Anwendungsgebiete erschließen.

20. Die Zerspanbarkeit. Die Abb. 19 gibt einen Anhalt, wie groß die Schnittgeschwindigkeitssteigerung bei einem guten Automatenstahl gegenüber einem gewöhnlichen Thomasstahl ist. Die v_{60}-Ziffer bei dem Thomasstahl ist etwa 28 m/min und bei dem Automatenstahl 53 m/min, trotzdem bei der letzteren der C-Gehalt höher ist. Im praktischen Betrieb rechnet man jedoch bei Automatenarbeiten nicht mit v_{60}, sondern mit v_{480} (8 Stunden) und darüber, da man den Automaten nicht so häufig einrichten kann. Aus Tabelle 22 ist zu sehen, wie sich die Schnittgeschwindigkeiten bei längerer Standzeit des Werkzeuges ändern. Gleichzeitig ist auch ein Vergleich möglich zwischen einem beruhigt und einem unberuhigt vergossenen Stahl.

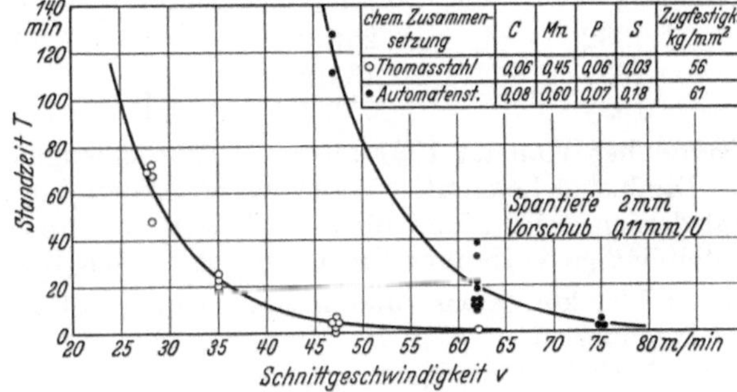

chem. Zusammensetzung	C	Mn	P	S	Zugfestigk. kg/mm²
○ Thomasstahl	0,06	0,45	0,06	0,03	56
• Automatenst.	0,08	0,60	0,07	0,18	61

Abb. 19. T-v-Kurven von Thomasstahl und Automatenstahl annähernd gleicher Festigkeit.

Tabelle 22.

Schnittgeschwindigkeit m/min	Werkstoff unberuhigt vergossen	beruhigt vergossen
v_{60}	78	38
v_{120}	74	34
v_{480}	67	27

21. Die Schweißbarkeit. Die Gasschmelzschweißung und elektrische Lichtbogenschweißung kommt für Automatenstähle weniger in Frage. Wenn man keine hohen Ansprüche stellt, lassen sie sich aber auch nach diesem Verfahren schweißen.

Am besten eignet sich das Widerstandsschweißverfahren (Abschmelzverfahren), welches in Anbetracht der aus Automatenstahl gefertigten Teile das größte Anwendungsgebiet gefunden hat.

IV. Die legierten Baustähle.

A. Nickel- und Chromnickelstähle.

22. Kennzeichnung der Nickel- und Chromnickelstähle für mechanisch hochbeanspruchte Teile: Als legierte Baustähle bezeichnet man solche Stähle, denen mit Absicht genau begrenzte Legierungselemente zugegeben werden, um damit bestimmte Eigenschaften zu erreichen. Die nachstehend beschriebenen Stähle haben einen Nickel- und Chromzusatz. Sie werden überall da verwendet, wo die unlegierten Baustähle den Beanspruchungen nicht mehr standhalten können oder nicht genügend durchhärten. Der Nickelgehalt ändert sich von $1,5\cdots4,5\%$, der Chromgehalt von $0,2\cdots1,3\%$ und der Kohlenstoffgehalt von $0,10\cdots0,40\%$. Das Hauptanwendungsgebiet ist der Fahrzeug- und Maschinenbau.

23. Allgemeines über das Vorkommen und die Gewinnung des Nickels (Ni).
Der Name Nickel ist ursprünglich ein Schimpfwort, weil früher aus Nickelerz kein ordentliches Metall niedergeschmolzen werden konnte. Die Haupterze sind Nickelmagnetkies mit $2\cdots5\%$ Ni, Garnierit sowie Weiß- und Rotnickelkies.

Die Hauptfundstätte und zugleich größte Nickellagerstätte ist der Sudburry-Distrikt in Kanada. Ein größeres Vorkommen ist noch in Neukaledonien. In Deutschland gibt es ein geringes Vorkommen in Frankenstein (Schles.), Schluckenau (Sudetenland) und in einigen Siegerländer Gängen.

Die Nickelerzeugung und der Vertrieb werden praktisch von einem Monopol, welches in Händen der Internationalen Nickelgesellschaft in Kanada ist, beherrscht. Der Nickelpreis wird stabil gehalten und Erzeugung und Absatz sind immer in Einklang. Der Weltverbrauch hat sich in den letzten Jahren wie folgt entwickelt:

1932	25821 t	1935	72480 t
1933	43488 t	1936	90600 t
1934	55266 t	1937	108720 t

Davon hat Kanada 1937 allein 94000 t erzeugt.

Die bisher bekannten Weltvorräte werden für Sudburry auf 3 Mill. t, für Neukaledonien auf 0,2 und für alle übrigen zusammen auf 0,3 Mill. t geschätzt. Der anteilmäßige Verbrauch für die verschiedenen Erzeugnisse war für 1937 wie folgt:

Baustähle, korrosions- und hitzebeständige Stähle und Stahlguß 55%
Nickelgußeisen 5%
Eisen-Nickel-Legierungen 1%
Kupferlegierungen, Neusilber 10%
Nickelmessing-, -bronzen und Aluminiumlegierungen 2%
Hitzebeständige Legierungen und Widerstandsmaterial 3%
Monel, Nickel, nickelplattierter Stahl, Inconel 12%
Vernicklung 10%
Nickelsalze und nichtmetallische Werkstoffe für die chemische Industrie . 1%
Verschiedenes 1%

Bei der schlechten Versorgungslage ist es notwendig, das Nickel möglichst durch Metalle zu ersetzen, die uns leichter zugänglich sind. Im Zuge dieser Bestrebungen ist es auch schon gelungen, in den letzten Jahren den durchschnittlichen Nickelverbrauch beträchtlich zu senken.

24. Die kennzeichnende Wirkung des Nickels im Stahl. Nickel als Legierungselement bildet keine Karbide und beeinflußt daher nur die Grundmasse des Stahles. Um den allgemeinen Einfluß des Nickels zu kennzeichnen, kann man sagen, daß es den Stahl zäher macht. Außerdem wird der Härtebereich erweitert und dadurch der Stahl gegen Überhitzung unempfindlich gemacht. Die Streckgrenze wird

Tabelle 23. Nickel- und Chromnickelstahl für mechanisch hoch beanspruchte Teile nach DIN 1662

In der Markenbezeichnung bedeutet:

E = Einsatzstahl   V = Vergütungsstahl
C = Chrom   N = Nickel
w = weich   h = hart

Reinheitsgrad: Phosphor und Schwefel nicht mehr als je 0,035 % zusammen nicht mehr als 0,06 %[1]

| Markenbezeichnung | geglüht | | gehärtet bzw. vergütet | | | | Chemische Zusammensetzung in % | | | | |
	Brinellhärte H kg/mm² höchstens	Zugfestigkeit[2] kg/mm² höchstens	Zugfestigkeit σ_B kg/mm²	Streckgrenze σ_S in % der Zugfestigkeit mindestens	Bruchdehnung[3] in % δ_5	δ_{10}	Kohlenstoff C	Nickel Ni	Chrom Cr	Mangan Mn	Silizium Si höchstens
Einsatzstähle											
EN 15	162	55	60···80 Wasser	65 %	20···10	15···8	0,10···0,17	**1,5**±0,25	höchstens 0,2	höchstens 0,5	0,35
ECN 25	206	70	80···100 Öl / 90···110 Wasser	70 % Öl / 75 % Wasser	20···14 Öl / 16···10 Wasser	14···10 Öl / 12···7 Wasser	0,10···0,17	**2,5**±0,25	0,75±0,2	höchstens 0,5	0,35
ECN 35	220	75	90···120 Öl	75 %	16···9	12···6	0,10···0,17	**3,5**±0,25	0,75±0,2	höchstens 0,5	0,35
ECN 45	240	83	120···140 Öl	75 %	14···7	10···5	0,10···0,17	**4,5**±0,25	1,1 ±0,2	höchstens 0,5	0,35
Vergütungsstähle											
VCN 15 w	206	70	65···75	65 %	24···18	16···13	0,25···0,32	**1,5**±0,25	0,5 ±0,2	0,4···0,8	0,35
VCN 15 h	206	70	75···85	70 %	22···16	15···12	über 0,32···0,40	**1,5**±0,25	0,5 ±0,2	0,4···0,8	0,35
VCN 25 w	220	75	70···85	70 %	20···14	14···10	0,25···0,32	**2,5**+0,25	0,75+0,2	0,4···0,8	0,35
VCN 25 h	220	75	80···05	70 %	10···10	12···8	über 0,32···0,40	**2,5**±0,25	0,75±0,2	0,4···0,8	0,35
VCN 35 w	235	80	75···90	75 %	20···14	14···10	0,20···0,27	**3,5**±0,25	0,75±0,2	0,4···0,8	0,35
VCN 35 h	235	80	90···105	75 %	16···10	12···8	über 0,27···0,35	**3,5**±0,25	0,75±0,2	0,4···0,8	0,35
VCN 45	265	90	100···115[4]	80 %	15···9	10···6	0,30···0,40	**4,5**±0,25	1,3 ±0,2	0,4···0,8	0,35

[1] Bei saurem Stahl sind je nach Vereinbarung höhere Gehalte an Phosphor und Schwefel zulässig.
[2] Berechnet aus der Brinellhärte H · 0,34; maßgebend ist der Zugversuch.
[3] Die angegebenen Bruchdehnungswerte sind Mindestwerte, wobei der niedrigste Bruchdehnungswert dem höchsten Zugfestigkeitswert entspricht. Zwischenwerte werden durch Interpolation ermittelt.
[4] Der Stahl VCN 45 kann durch Lufthärtung auf eine Zugfestigkeit von etwa 160 kg/mm² gebracht werden.

Als Sonderstahl für ausbohrbare, im Einsatz gehärtete Spindeln kommt ein Stahl mit folgenden Richtwerten in Frage:

$$C = 0,10 \cdots 0,17 \%$$
$$Ni = 3,5 - 0,25 \%$$
$$Cr = \text{höchstens } 0,1 \%.$$

Bei geringen Abweichungen in der chemischen Zusammensetzung sind die mechanischen Eigenschaften für die Abnahme maßgebend. Die aufgeführten mechanischen Eigenschaften gelten für die Prüfung eines mitteldicken Rundstahles (60 mm Durchmesser) in der Faserrichtung.

Prüfung nach DIN 1602···1605. Probenahme nach Vereinbarung (tunlichst aus der Randzone).

Richtlinien für Warmbehandlung der einzelnen Stähle siehe DIN 1662 Beiblatt 1···11.

stark erhöht und 1 % Nickel steigert die Festigkeit um etwa 4 kg/mm². Da die
kritische Abkühlungsgeschwindigkeit stark vermindert wird, steigt die Eigenschaft
der Durchhärtung beträchtlich an. Die Zerspanbarkeit der Chromnickelstähle
ist infolge der Legierung und der höheren Zähigkeit etwas schwieriger als die der
unlegierten Stähle. Dafür wird aber meist bei geeigneter Schnittgeschwindigkeit
eine bessere Oberflächenbeschaffenheit erreicht.

25. Allgemeines über das Vorkommen und die Gewinnung des Chroms (Cr).
Chrom hat seinen Namen (Chromos = Farbe) wegen der intensiven Färbung der
chromsauren Salze. Das Haupterz ist der Chromeisenstein. Die Vorkommen sind
in Amerika, Türkei, Rhodesien, Ural, Jugoslawien und Südafrika. In Deutschland sind nur unbedeutende Vorkommen am Zobten und in der Steiermark. Die
Weltproduktion betrug 1936 1043000 t und 1937 1027000 t. Früher glaubte man,
daß die bekannten Chromvorkommen in 8···9 Jahren erschöpft seien. Durch die
Entdeckung der Vorkommen in der Türkei sind sie jedoch noch lange ausreichend.

Chrom hat außer für Farbzwecke in der Stahlerzeugung ein großes Anwendungsgebiet bekommen, insbesondere bei den nichtrostenden Stählen, die in einem spä-
teren Abschnitt behandelt werden. Das Verchromen von Gebrauchsgegenständen
hat man zur besseren Versorgung anderer Gebiete sehr eingeschränkt.

26. Die kennzeichnende Wirkung des Chroms im Stahl. Chrom wird den Baustählen in Mengen bis zu 4 %, in der Regel aber nur bis zu 2 % zugesetzt. Sie
eignen sich besonders für Einsatz- und Vergütungsstähle. Bei höheren Chromzusätzen bekommt man die rostsicheren und verschleißfesten Stähle. Die Warmfestigkeit und Zunderbeständigkeit wird auch verbessert.

Die Festigkeit wird mit je 1 % Chrom um 8···10 kg/mm² erhöht. Chrom wirkt
karbidbildend, gibt dem Stahl höhere Härte und feineres Gefüge.

In bezug auf die Durchhärtbarkeit wirkt Chrom in Gemeinschaft mit Nickel
oder auch Molybdän stärker als jedes für sich allein.

27. Die Einsatz- und Vergütungsstähle nach DIN 1662 (Tab. 23). In dieser Norm
sind die gebräuchlichsten Nickel- und Chromnickelstähle zusammengefaßt. Diese
Stähle erfreuen sich einer großen Beliebtheit, da sie in der Wärmebehandlung
sehr zuverlässig sind und die Betriebe schon seit vielen Jahren damit Erfahrungen
sammeln konnten. Die Tabellen 24 und 25 geben einen Überblick über die Verwendungszwecke.

Tabelle 24. Einsatzstähle.

Norm- bezeichnung	Verwendungszweck
EN 15	Zahnräder, Differentialkreuze.
ECN 25	Zahnräder, Nockenwellen, Pleuelstangen, Schaltstangen.
ECN 35	Zahnräder, Kegelräder, Zapfen, Bolzen, Wellen und Kolbenstangen.
ECN 45	Einsatzstähle für höchste Beanspruchung im Flugzeugbau. Wechsel- und An- triebräder für Lastwagen — Omnibusse.

Tabelle 25. Vergütungsstähle.

Norm- bezeichnung	Verwendungszweck
VCN 15 w VCN 15 h	Achsschenkel, Pleuelstangen, Radnaben, Wellen.
VCN 25 w VCN 25 h	Vorderachsen, Getriebeachsen, Pleuelstangen, Hebel.
VCN 35 w VCN 35 h	Kurbelwellen, Propellerwellen, Propellernaben, Achsrohre, Triebwerks- und Steuerungsteile.
VCN 45	Für höchstbeanspruchte Teile im Flugzeugbau. Als Lufthärter für Stücke, die wegen ihrer Größe nicht im Einsatz gehärtet werden können. Gesenke.

Da jetzt im Motorenbau Stähle mit sehr hohen Festigkeiten verwendet werden, ist noch auf folgendes hinzuweisen:

Wie aus einer Fußnote der DIN 1662 hervorgeht, kann der VCN 45 durch Lufthärtung bis auf 160 kg/mm² Festigkeit gebracht werden. Diese hohe Festigkeit wird dann angewendet, wenn die Teile nicht im Einsatz gehärtet werden können oder sollen. Der lufthärtende Stahl verzieht sich kaum beim Härten, so daß fast immer auf ein Nacharbeiten verzichtet werden kann. Allerdings ist es mit der Wärmebehandlung und der Festigkeit allein nicht getan. Es muß auch die richtige Herstellung und Oberflächenbeschaffenheit dazukommen.

Entsprechend den heutigen Anforderungen der Technik wachsen auch die Abmessungen der Fertigstücke. Hierbei nimmt die Verwendung hochwertiger Legierungen ständig zu. Die Tabelle 26 gibt einen Überblick über die Chromnickelstähle, die mit Erfolg bei großen Schmiedestücken benutzt werden. Die Tabelle ist nach steigendem Kohlenstoffgehalt geordnet.

Tabelle 26. Chromnickelstähle für große Schmiedestücke.

Gruppe	C	Ni	Cr	Verwendungszweck
1	0,25	1,5···3,0	1,0	Kurbelachsen, Preßzylinder, Kupplungsbolzen, Laufräder, Treibstangen.
2	0,30	1,0···3,0	1,0	Wagenachsen, Radkränze, Rotorkörper.
3	0,35	1,0···2,0	1,0	Aktionsräder, Induktorwellen, Rotorringe.
4	0,40	1,0···3,0	1,5	Zahnsegmente, Kreuzkopfzapfen, Bolzen.
'5	0,45	0,75···3,0	1,5	Walzen, Sattel, Hammerbolzen, Ritzelwellen.

B. Chrom- und Chrommolybdänstähle.

28. Kennzeichnung der Chrom- und Chrommolybdänstähle. Diese Stähle dienen als Ersatz der Nickel- und Chromnickelstähle. Sie haben in mancher Hinsicht bessere Eigenschaften. Die Chromzusätze ändern sich von 0,3···1,9%, die Molybdängehalte von 0,20···0,40 und der Kohlenstoff von 0,1···0,45%. Das Hauptanwendungsgebiet ist der Fahrzeug- und Motorenbau.

29. Allgemeines über das Vorkommen und die Gewinnung von Molybdän (Mo). Früher diente der Name Molybdaena als Sammelname für bleiartige und bleihaltige Stoffe. Ein anderer Sammelname für diese Verbindungen war Reißblei, weil man damit auf Papier einen Strich ziehen konnte. Erst ab 1782 taucht der Name Molybdaenum für ein bestimmtes neues Metall auf.

Von den Erzen haben die Vorkommen als Molybdänglanz und Wulfenit die größte Bedeutung. Die Fundstätten sind in Nordamerika, Schweden, Norwegen, Französisch-Marokko, wobei etwa 85% der Welterzeugung auf Nordamerika entfallen. In Deutschland ist ein interessantes Vorkommen in der Mansfelder Gegend und in Kärnten. Der Mansfelder Kupferschiefer führt das Molybdänerz als feine Einsprengung. Diese geringen Mengen werden durch den Schmelzvorgang in den sogenannten Ofensauen so erheblich angereichert, daß eine Gewinnung lohnend ist. Die Ofensauen entstehen beim Niederschmelzen des Kupferschiefers im Schachtofen und setzen sich im Herd als Block ab. Bei 1 Million t verschmolzenem Schiefer ergaben sich 800 t Eisensauen.

Die Bedeutung des Molybdän hat in den letzten Jahren sehr zugenommen. Vor dem Weltkriege betrug die gesamte Molybdängewinnung der Welt nur 103 t. Während des Krieges stieg die Verwendung stark an als Ersatz für Nickel und Wolfram, besonders auch durch die Verwendung bei Panzerplatten. Im Jahre 1936 betrug die Erzeugung schon 9000 t. 1937 ist eine weitere starke Steigerung eingetreten.

Tabelle 27. Chromstahl, Chrommolybdänstahl nach DIN Vornorm 1663.

In der Markenbezeichnung bedeuten:

    die Buchstaben: E = Einsatzstahl   V = Vergütungsstahl
                  C = Chrom   Mo = Molybdän
    die Zahlen: a) bei den Einsatzstählen:
                  den Mindesthundertsatz an Chrom $\cdot$ 100
            b) bei den Vergütungsstählen:
                  die erste Ziffer den ungefähren Chromgehalt in %,
                  die folgenden beiden Ziffern den mittleren Hundertsatz an Kohlenstoff $\cdot$ 100

Ferner bedeuten: W = Wasserhärtung, Ö = Ölhärtung.
Reinheitsgrad: Phosphor und Schwefel nicht mehr als je 0,035 %, zusammen nicht mehr als 0,06 %[1].

Marken-bezeichnung[2]	Anliefe-rungs-zustand A[3]	Anlieferungs-zustand B[4]		Anlieferungs- bzw. Verwendungszustand C[5]				Gehalt in %				
	Brinell-härte Hn kg/mm² höchstens	Ein-druck-durch-messer d mm	Brinell-härte Hn kg/mm²	Zug-festig-keit[6] σ_B kg/mm²	Streck-grenze σ_F in % der Zug-festig-keit σ_B mindestens	Bruchdehnung in % δ_5	δ_{10}	Kohlen-stoff C	Chrom Cr	Molybdän Mo	Mangan Mn	Sili-zium Si höch-stens
Einsatzstähle												
EC 30	170	5,2···4,6	161···170	$\dfrac{55···70}{W}$	65	20···14	15···10	0,1 ···0,16	0,3···0,5	—	0,4···0,6	0,35
EC 60	187	5,0···4,4	143···187	$\dfrac{70···90}{W}$	70	18···12	14···9	0,12···0,18	0,6···0,9	—	0,4···0,6	0,35
ECMo 80	207	4,6···4,2	170···207	$\dfrac{90···110}{Ö}$	70	16···10	12···8	0,13···0,17	0,8···1,2	0,2···0,3	0,7···1	0,35
ECMo 100	217	4,5···4,1	179···217	$\dfrac{110···135}{Ö}$	75	13···7	9···5	0,17···0,22	1···1,3	0,2···0,3	0,8···1,1	0,35
Vergütungsstähle												
VCMo 125	217	4,5···4,1	179···217	$\dfrac{65··· 80}{W\ oder\ Ö}$	65	23···17	16···12	0,22···0,29	0,9···1,2	0,15···0,25	0,5···0,8	0,35
VC 135	217	4,5···4,1	179···217	$\dfrac{75··· 90}{W\ oder\ Ö}$	65	16···10	12···8	0,3···0,37	0,9···1,2	—	0,5···0,8	0,35
VCMo 135	217	4,5···4,1	179···217	$\dfrac{80···100}{W\ oder\ Ö}$	70	16···10	12···8	0,3···0,37	0,9···1,2	0,15···0,25	0,5···0,8	0,35
VCMo 140	217	4,5···4,1	179···217	$\dfrac{95···110}{Ö}$	75	15···9	10···6	0,38···0,45	0,9···1,2	0,15···0,25	0,5···0,8	0,35
VCMo 240[7]	229	4,4···4,0	187···229	$\dfrac{110···130}{Ö}$	78	13···8	9···5	0,38···0,45	1,6···1,9	0,3···0,4	0,5···0,8	0,35

[1] Bei saurem Stahl sind je nach Vereinbarung höhere Gehalte an Phosphor und Schwefel zulässig.
[2] Gewünschten Anlieferungszustand bei Bestellung angeben, z. B. VC Mo 140 Anlieferungszustand B.
[3] Anlieferungszustand A: Diese Werte entsprechen dem geglühten Zustand.
[4] Anlieferungszustand B: Diese Werte entsprechen einer Behandlung zur Erzielung günstigen Verhaltens bei der spanabhebenden Bearbeitung (Vermeidung des Schmierens).
[5] Anlieferungs- bzw. Verwendungszustand C: Diese Werte entsprechen dem gehärteten bzw. vergüteten Zustand.
[6] Maßgebend ist der Zugversuch. Als Annäherung genügt die Bestimmung der Brinellhärte, wobei $H = \dfrac{\sigma_B}{0,35}$ ist.
[7] Enthält etwa 0,2 % Vanadin.

Bei geringen Abweichungen in der chemischen Zusammensetzung sind die dem Anlieferungszustand entsprechenden mechanischen Eigenschaften für die Abnahme maßgebend.
Die aufgeführten mechanischen Eigenschaften gelten
   bei Einsatzstahl für die Prüfung eines Rundstahles von etwa 30 mm Durchmesser,
   bei Vergütungsstahl für die Prüfung eines Rundstahles von etwa 60 mm Durchmesser in Faserrichtung.
Prüfung nach DIN 1602 und 1605 Blatt 1···3.
Probenahme bei Vergütungsstahl aus der Randzone, deren Höhe $^1/_3$ des Durchmessers oder der Kantenlänge beträgt (bezogen auf 60 mm Dicke).
Behandlung und Leistung der einzelnen Stähle siehe DIN 1663 Beiblatt 1···9 (in Bearbeitung).

Molybdän findet außer in der Elektroindustrie und Chemie ein großes Anwendungsgebiet in der Edelstahlindustrie als Legierungselement. Die handelsübliche Form ist Ferromolybdän mit einem Mo-Gehalt von $65\cdots75\,\%$ mit einem bestimmten C-Gehalt.

30. Die kennzeichnende Wirkung des Molybdäns im Stahl. Molybdän verbessert die Eigenschaften der Baustähle in der Kälte und in der Wärme. Die Durchhärtung wird stärker beeinflußt als bei jedem anderen Legierungselement. Die Warmfestigkeit wird bis zu Temperaturen von $500\cdots550^{0}$ C beträchtlich erhöht. Dies wirkt sich auch günstig bei Dauerstandversuchen aus. Infolge der erhöhten Anlaßbeständigkeit können die Molybdänstähle bei höheren Temperaturen angelassen werden. Man bekommt dadurch mit Sicherheit Teile ohne Spannungen und mit guter Zähigkeit. Molybdän ist das Legierungselement, welches die Anlaßsprödigkeit am wirksamsten behebt. Unter Anlaßsprödigkeit versteht man das Sprödewerden nach dem Anlassen, insbesondere bei langsamer Abkühlung aus der Anlaßtemperatur.

Von besonderem Vorteil ist es auch noch, daß man diese Verbesserungen der Eigenschaften mit ganz geringen Molybdänzusätzen, die zwischen 0,20 und $0,50\,\%$ liegen, erreicht.

31. Die Einsatz- und Vergütungsstähle nach DIN 1663 (Tab. 27). In dieser Norm sind die Daten der Chrom- und Chrommolybdänstähle zusammengefaßt. Diese Stähle haben sich immer mehr als Ersatz für die Chromnickelstähle eingeführt. Über die Verwendungszwecke geben die Tabellen 28 und 29 Auskunft.

Tabelle 28. Einsatzstähle.

Markenbezeichnung	Verwendungszweck
EC 30 EC 60	Steuerungsteile, Zahnräder, Schnecken, Kolbenbolzen.
ECMo 80	Mittelhochbeanspruchte Zahnräder, Nockenwellen, Schiebewellen.
ECMo 100	Hochbeanspruchte Zahnräder, Schneckenräder, Wechsel- und Antriebsräder.

Tabelle 29. Vergütungsstähle.

Markenbezeichnung	Verwendungszweck
VCMo 125	Rohre und Bleche im Flugzeugbau, Vorderachsen, Achsschenkel, Pleuelstangen.
VC 135	Vorderachsen, Kurbelwellen.
VCMo 135	Hochbeanspruchte Kurbelwellen, Kardan-, Vorgelege- und Hinterachswellen, Lenkhebel.
VCMo 140	Wie vorstehend, wenn eine höhere Festigkeit verlangt wird oder stärkere Abmessungen vorliegen.
VCMo 240	Bei allen Bauteilen mit sehr hohen Beanspruchungen. Gesenke.

In diesem Zusammenhang muß auch noch auf die Bedeutung der Chromstähle für die Kugellagerindustrie hingewiesen werden. Hierzu sind sie besonders wegen ihrer Verschleißfestigkeit und der mit einer großen Härte verbundenen Zähigkeit geeignet.

Für Kugellager- und Rollenlagerringe ist folgende Zusammensetzung im Gebrauch:

$$\text{Kohlenstoff} \,. \,. \quad 0{,}95\cdots1{,}1\,\%$$
$$\text{Chrom} \,. \,. \,. \,. \quad 1{,}2\cdots1{,}8\,\%$$
$$\text{Härtung von} \,. \quad 820\cdots840^{0}\,\text{C in Öl,}$$

für Kugeln und Rollen mittleren Durchmessers etwa:

$$\text{Kohlenstoff} \,. \,. \quad 0{,}95\cdots1{,}1\,\%$$
$$\text{Chrom} \,. \,. \,. \,. \quad 1{,}0\cdots1{,}4\,\%$$
$$\text{Härtung von} \,. \quad 780\cdots820^{0}\,\text{C in Wasser.}$$

In dem Normblatt DIN 1663 sind Werte von drei verschiedenen Anlieferungszuständen angegeben. Dies ist bei der Auswahl zu beachten.

Beim Einsetzen ist zu beachten, daß die Chrommolybdänstähle nicht nach den Einsatzbedingungen für Chromnickelstähle behandelt werden. Chrom und Molybdän sind Legierungselemente, die zur Randkarbidbildung neigen. Hierdurch kann es vorkommen, daß an den Zähnen Risse und sogar Absplitterungen entstehen können. Man kann solchen Nachteilen begegnen dadurch, daß man sehr mild wirkende Einsatzpulver benutzt.

Beim Härten soll man grundsätzlich die Doppelhärtung anwenden, wobei zu berücksichtigen ist, daß die Anwärmzeiten länger sind als bei Chromnickelstählen.

Die erste Härtung erfolgt zwecks guter Kernumwandlung von $830 \cdots 860^0$ C in Öl. Dabei muß das Härtegut lebhaft bewegt werden, um eine scharfe Abschreckwirkung zu erzielen. Dann wird zur Kornverfeinerung zwischengeglüht.

Die Schlußhärtung wird dann von $810 \cdots 830^0$ C vorgenommen.

Die Teile sind nach dem Härten zur Vermeidung von Schleifrissen anzulassen.

Bei Schalträdern geht man zur Vermeidung von Absplitterungen mit der Anlaßtemperatur auf $180 \cdots 200^0$ C.

C. Die Bearbeitbarkeit der legierten Baustähle.

32. Die Zerspanbarkeit der Werkstoffe nach DIN 1662 und DIN 1663 kann gemeinsam betrachtet werden. Bei der Bearbeitung mittels Werkzeugen aus Schnelldrehstahl gilt das Zerspanungsschaubild des Aachener Werkzeugmaschinen-Laboratoriums S. 14. Man muß aber berücksichtigen, daß Legierungsanteile die Zerspanbarkeit gegenüber unlegierten Werkstoffen erschweren.

Den Chrommolybdänstählen sagte man im Anfang eine schlechtere Zerspanbarkeit nach. Das Oberflächenaussehen wäre nicht so gesund wie bei den Chromnickelstählen und der Werkzeugverschleiß sollte etwas größer sein. Auch wurde über Schmieren des Werkstoffes geklagt. Diese Schwierigkeiten sind heute überwunden und die Werte unter Anlieferungszustand B entsprechen einer Behandlung zur Erzielung günstigen Verhaltens bei der spanabhebenden Bearbeitung.

Bei Verwendung von Hartmetall gelten die Richtwerte der Tabelle 30.

Tabelle 30. Richtwerte für die Bearbeitung mit Hartmetall.

Werkstoff	Festigkeit kg/mm²	Hartmetall	Schnittwinkel		Schnittgeschwindigkeit	
			Freiwinkel	Spanwinkel	Schruppen	Schlichten
Cr-Ni-Stahl Cr-Stahl Cr-Mo-Stahl	$70 \cdots 85$	Hartmetall S1 bis S3 (Tab. 16)	$5 \cdots 8$ $6 \cdots 8$ $4 \cdots 6$	$10 \cdots 12$ $8 \cdots 10$ $12 \cdots 18$	$80 \cdots 100$	$100 \cdots 120$
	$85 \cdots 100$		$5 \cdots 8$ $6 \cdots 8$ $4 \cdots 6$	$8 \cdots 10$ $6 \cdots 8$ $10 \cdots 15$	$50 \cdots 80$	$80 \cdots 100$
	$100 \cdots 140$		$5 \cdots 8$ $6 \cdots 8$ $4 \cdots 6$	$4 \cdots 6$ $3 \cdots 5$ $5 \cdots 8$	$40 \cdots 60$	$60 \cdots 80$
	$140 \cdots 160$		$5 \cdots 8$ $6 \cdots 8$ $4 \cdots 6$	$0 \cdots 5$ $2 \cdots 4$ $0 \cdots 8$	$25 \cdots 40$	$40 \cdots 60$
	$160 \cdots 200$		$5 \cdots 8$ $6 \cdots 8$ $4 \cdots 6$	$0 \cdots -5$ $-2 \cdots +3$ $0 \cdots -5$	$20 \cdots 30$	$30 \cdots 40$

33. Die Schweißbarkeit der Stähle nach DIN 1662 und 1663. Diese Stähle sind sowohl durch Gas als auch durch Lichtbogen schweißbar. Hinsichtlich des Kohlenstoffgehaltes und der Festigkeit gelten die auf S. 23 gemachten Einschränkungen.

Die Tabelle 31 gibt einen Überblick über die Schweißbarkeit[1].

Die Chrommolybdänstähle haben gegenüber den Chromnickelstählen den Vorteil, daß wegen der geringeren Lufthärteannahme die härtbare Zone zu beiden Seiten der Schweißraupe eine geringe Festigkeit annimmt.

Auf Grund der guten Schweißbarkeit werden einige Chrommolybdänstahlsorten in großem Umfange im Flugzeugbau verwendet[2].

Diese Stähle sind genormt unter der Bezeichnung Fliegnorm 1407 (E C Mo 80), 1408 (E C Mo 100) für die Einsatzstähle.

Tabelle 31. Schweißbarkeit der Stähle nach DIN 1662 und 1663.

DIN 1662	DIN 1663	Beurteilung der Schweißbarkeit
EN 15	E C 30	leicht schweißbar
ECN 25	E C 60	
ECN 35	E CMo 80	schweißbar
ECN 45	E CMo 100	
VCN 15	V CMo 125	
VCN 25	V C 135	leicht schweißbar
	V CMo 135	
VCN 35	V CMo 145	schwer schweißbar
VCN 45	V CMo 240	

Die Vergütungsstähle sind unter nachstehender Bezeichnung eingereiht: Fliegnorm 1452 (ähnlich V C Mo 125), 1454 (V C Mo 135), 1455 (V C Mo 140).

V. Die nichtrostenden und säurebeständigen Stähle.

A. Grundsätzliches.

34. Kennzeichnung der nichtrostenden und säurebeständigen Stähle. In allen Industrien werden heute Bauteile verlangt, die chemischen und elektrochemischen Angriffen standhalten. Außerdem sollen sie gegen die Atmosphäre, gegen Süßwasser und oft auch gegen Seewasser beständig sein.

Wenn solche Beanspruchungen vorliegen, werden vorwiegend Chromstähle und Chromnickelstähle verwendet. Außerdem werden aber auch Chrommangan-, Chrommangannickel- und Chrommolybdänstähle benutzt. Bei den reinen Chromstählen beträgt der Chromgehalt 13%. Die bekannteste Zusammensetzung bei den nichtrostenden Chromnickelstählen ist 18% Cr und 8% Nickel. Von den Chrommanganstählen sind schon verschiedene Zusammensetzungen versucht worden, ohne daß dabei ein durchschlagender Erfolg erzielt wurde.

35. Bei der Auswahl der Stähle für die einzelnen Verwendungszwecke sollte man immer den Stahlerzeuger zu Rate ziehen. Desgleichen sind auch die Vorschriften für die Wärmebehandlung und das Verschweißen genauestens zu beachten, um schwere Schäden zu verhüten.

Einen Überblick über die Zusammensetzung und die Anwendungsgebiete gibt die Tabelle 32.

B. Die verschiedenen Arten der Korrosion.

Als Korrosion bezeichnet man die Veränderung von Körpern von der Oberfläche aus, die durch unbeabsichtigten chemischen oder elektrochemischen Angriff hervorgerufen ist[3].

---

[1] Vgl. auch W. HOFFMANN: Berichtsheft 72, Hauptvers. VDI 1934 Trier S. 59/64. — Ferner H. CORNELIUS: Schweißen von Chromstählen. Z. VDI Bd. 83 (1939) Nr 23 S. 707.

[2] Fliegerwerkstoff-Handbuch Beuth-Vertrieb G.m.b.H. Berlin.

[3] Reichsausschuß für Metallschutz: Korrosion u. Metallschutz. 1927 S. 72.

Gruppe	Stahl Nr.	C	Si	Mn	Cr	Ni	Mo	Verwendungszweck	Wärmebehandlung	Rost- und Säurebeständigkeit
I Chromstähle	1	0,10	0,3	0,4	12···14			Haushaltungsgegenstände, stände, Schrauben, Muttern, Ventilteile, Innenarchitektur	geglüht	Beständig bei Raumtemperaturen gegen Salpetersäure, Essigsäure, Ameisensäure, Weinsäure, Zitronensäure. Mit steigenden Temperaturen jedoch bei stärkeren Angriffen nicht beständig gegen Schwefelsäure, Halogen-Wasserstoffsäure und andere nicht oxydierend wirkende Säuren.
	2	0,20	0,3	0,4	13···18			Turbinenschaufeln, Gewehrläufe, Bolzen, Schrauben, Holländermesser	vergütet	
	3	0,30	0,3	0,4	13···18			Wellen, Spindeln, Ventile, wenn höhere Härte erforderlich, Messer, Scheren, Kunstharzpreßformen	vergütet	
	4	0,4	0,3	0,4	12···16			Messer, gewöhnlicher Schneidfähigkeit	gehärtet	Verwendung möglichst in poliertem Zustand.
	5	0,9	0,3	0,4	16···18		1,0	Messer mit großen Ansprüchen an die Schneidfähigkeit, nichtrostende Kugeln, Rollenlager	gehärtet angelassen	
II Chromnickelstähle	6	<0,07	0,50	0,50	18	8		Gebrauchsgegenstände und Apparate	abgeschreckt	Besonders widerstandsfähig gegen chemische Einflüsse aller Art, auch gegen kalte Schwefelsäure. Durch Mo- und Cr-Zusätze noch weiter verbessert. Bei Stahl Nr. 9 etwas geringere Korrosionsbeständigkeit. Verwendung in möglichst geschliffenem Zustand.
	7	<0,10	0,50	0,50	18	8		Mit Zusätzen Ta, Ti, Niob, V, schweißfest	abgeschreckt	
	8	<0,10	0,50	0,50	18	9	2···3	Für Teile der chemischen Industrie, Sulfit- und Zellstoffindustrie, Textilindustrie	abgeschreckt	
	9	<0,10	0,50	0,50	12	12		Austenitischer Stahl mit besonders guter Tiefzieh- und Prägfähigkeit	abgeschreckt	
III Chrommanganstähle	10	0,10	0,50	9,0	18			Schweißbarer, nickelfreier Stahl, Anwendungsgebiete wie Gruppe II	abgeschreckt	Verhalten bei verschiedenen organischen Säuren und Salpetersäure günstiger als reine Chromstähle.
	11			16,0	15			Bauteile mit besonders guter Warmfestigkeit	abgeschreckt	

Hierbei lassen sich im praktischen Betrieb drei hauptsächliche Erscheinungsformen der Korrosion feststellen:

36. Gleichmäßiger Angriff über größere Flächen des Werkstoffes (Rosten). Die häufigste Art der Zerstörung bei Baustählen ist das Rosten. Es handelt sich um eine allmähliche Oxydation durch den Luftsauerstoff in Gegenwart von Feuchtigkeit. Der Sauerstoff vereinigt sich mit dem Eisen zu Eisenhydroxyd. Dabei werden die zu dieser Verbindung notwendigen Eisenmengen der Oberfläche des befallenen Stahles entnommen und so die Zerstörungen eingeleitet und fortgesetzt. Man bezeichnet sie öfter als abtragende Korrosion.

Diese Art der Korrosion ist wegen der äußerlichen Sichtbarkeit und des langsamen Verlaufs verhältnismäßig ungefährlich, solange nicht Säuren, Laugen und andere chemische Lösungen diesen Vorgang sehr beschleunigen.

37. Punktförmiger Angriff (Lochfraß, Pitting). Bei diesen nur auf einzelne Stellen beschränkten Zerstörungen können die angegriffenen Stellen der Bauteile von ganz gesundem Werkstoff umgeben sein. Trotz des geringen Verlustes an Werkstoff ist diese Art der Korrosion sehr gefährlich, da die häufig befallenen Gefäße und Rohrleitungen sehr schnell unbrauchbar werden. Die Ursache liegt in sich bildenden Lokalelementen. Wenn die Oberfläche eines nichtrostenden Stahles durch Ungleichmäßigkeiten im Gefüge oder durch Einschlüsse nichtmetallischer Art in seinem gleichmäßigen Rostschutz unterbrochen wird, so bildet sich an dieser Stelle eine Potentialdifferenz. Diese ist um so größer, je mehr diese Einlagerungen in ihrer elektrischen Spannungsreihe (Potential) von der des anderen Gefüges abweichen.

Sehr oft wird aber dieser Lochfraß, der sehr tief in das befallene Teil eindringen kann, durch äußere Einwirkung ausgelöst. Man findet diesen Fall häufig bei Turbinenschaufeln, wenn dort Rostteilchen aus den Teilen der Turbine, die nicht aus rostsicherem Stahl hergestellt sind, auf den Schaufeln abgelagert werden. Die Bestandteile des Kesselwassers können auch eine solche Wirkung hervorrufen.

Die Gefahr eines punktförmigen Angriffs ist auch groß beim Zusammenbau von zwei Werkstoffen, die schon von Hause aus eine Potentialdifferenz haben. Tritt dann noch Feuchtigkeit hinzu, so bildet sich ein sehr störendes galvanisches Element. Es fließt ein elektrischer Strom von dem unedleren zum edleren Metall, wodurch dann das unedlere Metall anodisch aufgelöst wird. Solche Verhältnisse sind bei Verwendung verschiedener Werkstoffe in der gleichen Konstruktion und bei Löt-, Schweiß- oder Nietverbindungen gegeben.

38. Die interkristalline Korrosion. Die rostbeständigen Chromnickelstähle mit 18% Chrom, 8% Nickel sind austenitisch. Austenit ist eine Mischkristallart (Abb. 20), die sonst nur bei höheren Temperaturen in Stahl beständig ist. Durch den hohen Gehalt an Nickel und Chrom haben die Mischkristalle die Fähigkeit, auch bei Raumtemperaturen bestehen zu können. Die geringe Menge Kohlenstoff befindet sich ebenfalls im Mischkristall gelöst, so daß eine einheitliche Kristallart, nämlich Austenit, vorhanden ist. Zu

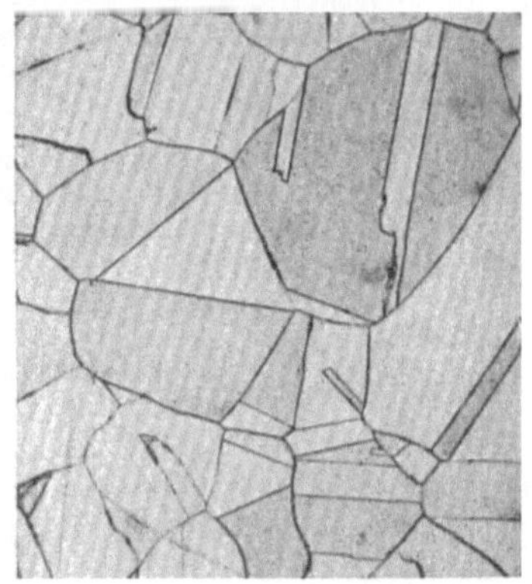

Abb. 20. Korrosionsbeständiger Chrom-Nickelstahl bei 1100° C abgeschreckt, Austenit. V = 500.

diesem Zweck muß der Stahl aus einer Temperatur von 1100···1150° C rasch, d. h. am besten in Wasser, abgeschreckt werden. Die austenitischen Stähle sind verhältnismäßig weich, sehr zäh und durch keine

Wärmebehandlung härtbar. Sie sind unmagnetisch. Durch Kaltverformung läßt sich eine gewisse Erhöhung der Festigkeit erreichen. Dadurch leidet aber die Korrosionsbeständigkeit.

Wenn diese Stähle aber nach dem Abschrecken wieder auf 500···900⁰ C erwärmt werden, scheiden sich Karbide aus (Abb. 21), die an der Korngrenze oder auch innerhalb der einzelnen Kristalle er-

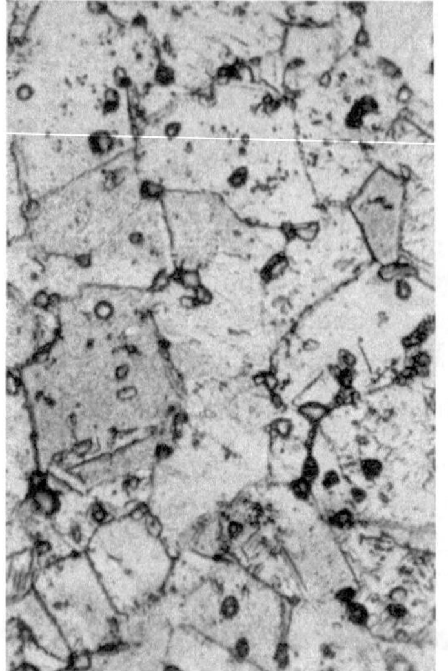

Abb. 21. Austenit, Ferrit und Karbid. V = 600.

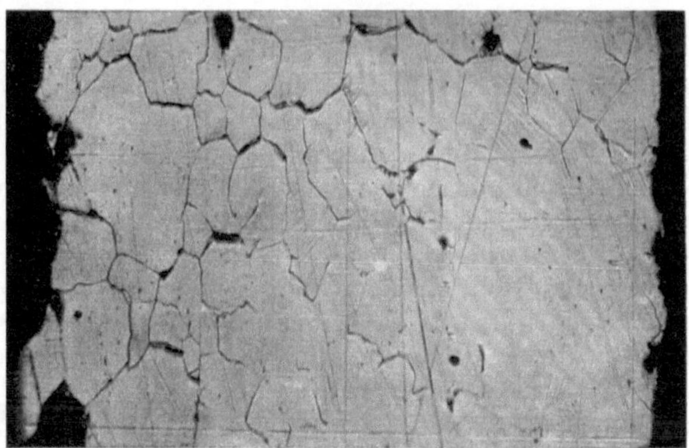

Abb. 22. Das Gefüge ist durch interkristalline Korrosion zerstört.

scheinen. Diese Temperaturstufen werden z. B. beim Schweißen immer in einem gewissen Abstand von der Naht erreicht. Je länger die Temperatur eingewirkt hat, desto stärker sind die Ausscheidungen. Diese Karbidausscheidungen an den Korngrenzen lockern den Kristallverband und setzen außerdem den Korrosionswiderstand sehr herab, so daß die Stähle vollkommen unbrauchbar werden. Man spricht dann von interkristalliner Korrosion (Abb. 22).

Bei dünnen Blechen kann die Lockerung des Kristallverbandes so weit gehen, daß sie mit der Hand auseinandergebrochen werden können. Es ist dies eine sehr gefährliche Art der Korrosion, zumal sie gar nicht äußerlich in Erscheinung zu treten braucht (Abb. 23).

Bei weiterer Erwärmung auf über 900⁰ C beginnt dann wieder die Auflösung dieser Karbide und es bildet sich wieder

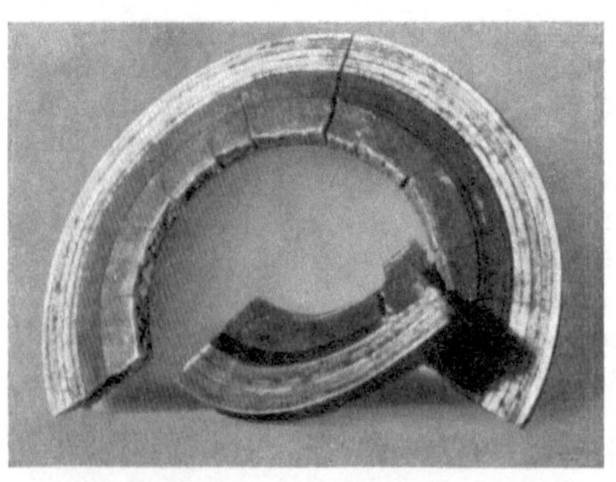

Abb. 23. Ventilsitzring aus nichtrostendem Stahl durch interkristalline Korrosion zerstört.

das einheitliche austenitische Gefüge, welches, aus 1100⁰ C abgeschreckt, alle guten Eigenschaften der Korrosionsbeständigkeit aufweist.

C. Die Möglichkeiten zur Verhinderung der Korrosion.

Wenn man vom Werkstoff ausgeht, kann man folgende Maßnahmen treffen:
Zugabe geeigneter Legierungselemente,
richtige Herstellung solcher Stähle,
zweckentsprechende Weiterverarbeitung.

39. Chrom ist das wichtigste und wirksamste Legierungselement zur Herstellung rostsicherer und säurebeständiger Stähle. Seine Wirkung erklärt sich daraus, daß Chrom unedler ist als Eisen und daher rascher angegriffen wird. Durch die Einwirkung des Sauerstoffs bildet sich eine sehr dünne, aber gut schützende Haut von sehr beständigem Chromoxyd, die jeden weiteren Angriff verhindert. Diese Haut ist aber so dünn, daß sie mit dem bloßen Auge nicht zu erkennen ist und auch im Gebrauch z. B. bei Messern, Gabeln usw. nicht im geringsten stört. Sie erneuert sich auch immer wieder.

Das Chrom hat auch die Eigenschaft, die Neigung zur Schutzschichtbildung bei Vorhandensein von Mischkristallen auch auf andere Metalle zu übertragen. Daher braucht die Menge des zugesetzten Chromanteils nur einen gewissen Mindestbetrag zu überschreiten. Bei kohlenstoffarmen Legierungen beträgt diese notwendige Menge mindestens 13%, wobei Voraussetzung ist, daß das Chrom möglichst gleichmäßig im Stahl verteilt ist. Von besonderem Einfluß auf die Verteilung des Chroms ist der Kohlenstoffgehalt. Der Chromgehalt der Karbide ist höher als der durchschnittliche Chromgehalt des Stahles, das heißt also, daß bei höherem Kohlenstoffgehalt der Grundmasse verhältnismäßig mehr Chrom entzogen wird und dadurch der Chromgehalt hier unter 13% absinken kann. Dies ist aber gleichbedeutend mit einer Einbuße an Rostbeständigkeit, da an dieser Stelle die schützende Chromoxydhaut unterbrochen ist oder nicht ausreicht.

Wenn aus Gründen der Schneidhaltigkeit oder Vergütbarkeit ein höherer Kohlenstoffgehalt notwendig ist, müssen die Stähle gehärtet werden, um die Karbidbildung zu unterdrücken oder der Chromgehalt muß erhöht werden.

Die wichtigsten nichtrostenden Stähle sind die austenitischen Chromnickelstähle. Sie zeichnen sich gegenüber den Chromstählen durch bessere Korrosionsbeständigkeit aus. Sie sind auch ohne Polieren beständig an der Luft und im Wasser. Austenitische Stähle sind unmagnetisch.

Außerdem sind sie gegen viele chemische Angriffe beständig, denen die Chromstähle nicht mehr standhalten, z. B. verdünnte Schwefelsäure, Ameisensäure usw.

Wenn eine besondere Beständigkeit gegen Farbstofflösungen (Flotten) usw. verlangt wird, lassen sich die besten Ergebnisse durch Zusatz von Molybdän und Kupfer erreichen.

Es muß nun noch erwähnt werden, wie bei diesen Stählen die interkristalline Korrosion vermieden wird. Zunächst kann man den Kohlenstoffgehalt unter 0,07% halten. Hierbei tritt keine schädliche Karbidabsonderung mehr ein.

Es gibt aber auch noch die Möglichkeit, daß man andere Legierungselemente zusetzt, die eine große Verwandtschaft zum Kohlenstoff haben. Solche Elemente sind Niob, Tantal und Titan. In diesem Falle nehmen sie den Kohlenstoff auf, so daß der Grundmasse kein Chrom entzogen wird.

Schließlich sind noch die Chrommanganstähle, bei denen Nickel durch Mangan ersetzt ist, zu erwähnen. Die Legierungsanteile sind ähnlich wie bei den Chromnickelstählen. Diese Chrommanganstähle sind vorwiegend ferritisch, d. h. daß sie vom Schmelzpunkt bis zur Raumtemperatur keinerlei Umwandlung erfahren. Dementsprechend kann man das Gefüge auch nicht durch Glühen umwandeln. Sie lassen sich auch nicht härten. Sie unterscheiden sich aber von den Chromnickelstählen dadurch, daß sie gegen Säure viel weniger beständig sind. Außerdem sind sie nicht rein austenitisch, so daß sie von Magneten angezogen werden.

40. Die richtige Herstellung nichtrostender und säurebeständiger Stähle ist von besonderer Bedeutung dadurch, daß in Ergänzung der richtigen Legierung ein möglichst schlackenreiner Werkstoff erzeugt werden muß.

Für die Verwendung im Betrieb ist es wichtig zu wissen, daß der Metallurge nach dem Gefügezustand drei Gruppen von nichtrostenden Stählen unterscheidet:

1. die härtbaren (martensitischen) Stähle, z. B. Messerstahl, Turbinenschaufelstahl;

2. die nicht härtbaren (ferritischen) Stähle, z. B. Gefäße, Bestecke;

3. die nicht härtbaren (austenitischen) Stähle, z. B. chemische Geräte.

Abb. 24. Martensitischer Stahl. V = 400.

Die Abb. 24, 25 und 26 zeigen die typische Gefügeausbildung dieser Gruppen. In den nachstehenden Zeilen ist des besseren Verständnisses wegen nochmals die charakteristische Wärmebehandlung mit ihren Auswirkungen zusammengestellt.

Bei den Chromstählen hat das Härten den Zweck, die Karbide durch Lösen zu verteilen.

Bei Stählen bis etwa 0,12% Kohlenstoff ist ein Härten nicht erforderlich, da bei diesem Kohlenstoffgehalt der Grundmasse keine wesentlichen Chrommengen entzogen werden. Darüber hinaus empfiehlt sich jedoch immer ein Härten, um die Karbidbildung zu unterdrücken und das Höchstmaß an Korrosionsbeständigkeit zu erzielen. In den weiterverarbeitenden Betrieben muß unbedingt auf die vorgeschriebene Wärmebehandlung geachtet werden, um Ausschuß zu verhindern.

Die nicht härtbaren Stähle erfahren keinerlei Wärmebehandlung, da, wie oben schon erwähnt, keinerlei Gefügeänderung möglich ist.

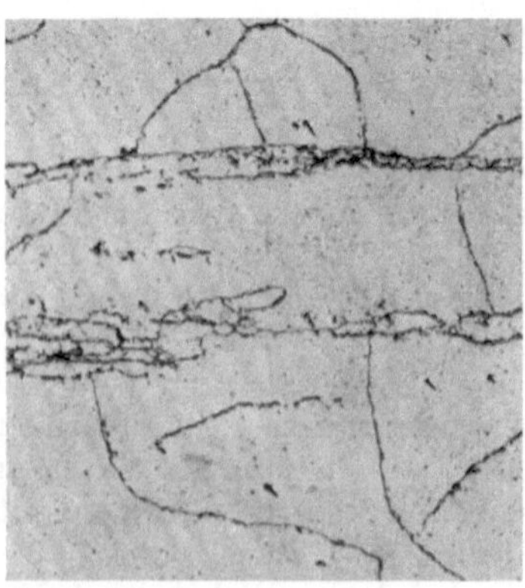

Abb. 25. Ferritischer Stahl. V = 250.

Abb. 26. Austenitischer Stahl. V. = 400.

Das bei austenitischen Legierungen vorgeschriebene Abschrecken aus 1150° C in Wasser oder Luft dient der Unterdrückung der Karbidbildung und dem Festhalten des günstigeren Gefügezustandes. Eine Härtesteigerung tritt hierbei nicht ein.

Ist im Betriebe bei der Verarbeitung noch eine Wärmebehandlung notwendig, so muß anschließend bei einer Temperatur über 900° C abgelöscht werden. Wenn das mangels Einrichtungen oder wegen der Größe der Stücke nicht möglich ist, muß eine schweißfeste Legierung verwendet werden.

41. Die zweckentsprechende Weiterverarbeitung ist auch von großer Bedeutung. Es müssen alle Fremdkörper, Verbrennungsrückstände von Öl usw. vermieden werden. Dies ist wesentlich beim Walzen von Blechen, Profilen usw., da hier am leichtesten Oberflächenfehler entstehen.

Auch örtliche Unterschiede in der Kaltverformung können zur Bildung von Lokalelementen führen.

Von einschneidender Bedeutung ist jedoch die Beschaffenheit der Oberfläche. Die Geschwindigkeit und der Umfang einer Korrosion sind um so größer, je rauher die Oberfläche ist. Wie die neuesten mit Feinmeßgeräten durchgeführten Messungen bewiesen haben, gibt es selbst bei ganz glatt erscheinenden Oberflächen noch große Unebenheiten. Die wirkliche Oberfläche ist also immer um ein vielfaches größer, als die scheinbare, nach der reinen Kantenlänge errechnete.

Eine polierte Oberfläche hat die geringsten Unebenheiten und die wenigsten Riefen und Risse. Sie bietet daher den größten Schutz gegen Korrosionsangriffe.

Bei Chromstählen ist wohl immer ein Polieren notwendig. Es ist darauf zu achten, daß ein genügendes Vorschleifen erfolgt. Die Umfangsgeschwindigkeit soll 2000 m/min betragen unter ständigem Ölzusatz. Örtliche Überhitzungen sind unbedingt zu vermeiden. Die Schleifrichtungen müssen gekreuzt werden.

Beim nachfolgenden Polieren ist als Polierpaste Poliergrün (Chromoxydpaste) zu verwenden. Die Umfangsgeschwindigkeit der Polierscheiben soll etwa 3000 m/min betragen.

Bei den Chromnickelstählen kann man sich wegen ihrer höheren Korrosionsbeständigkeit meist mit Schleifen (feines Korn) oder Blankbeizen begnügen.

Das Beizen ist sowieso erforderlich, um die Zunderschicht, die auch korrosionsfördernd wirkt, zu entfernen. Dies ist bei den rost- und säurebeständigen Stählen naturgemäß schwieriger als bei den anderen. Daher ist auch Schwefelsäure, die sonst mit gutem Erfolg verwendet wird, ungeeignet. Es wird folgende Zusammensetzung empfohlen[1]:

für Chromstähle: 25 Liter Salpetersäure
         5 Liter Salzsäure
         1 Liter Sparbeize
        69 Liter Wasser,

für Chromnickelstähle: 50 Liter Salzsäure
         5 Liter Salpetersäure
        0,2 Liter Sparbeize
        50 Liter Wasser.

Die Badtemperatur soll 45···50° sein, wobei das Beizgut auf die gleiche Temperatur vorzuwärmen ist. Das Beizen soll so lange fortgesetzt werden, bis sich der Zunder abwischen läßt. Das Beizgut ist dann gut abzuwaschen und in Sodalösung zu neutralisieren.

D. Die Bearbeitbarkeit der nichtrostenden und säurebeständigen Stähle.

42. Die Zerspanbarkeit. Bei der Beurteilung der Zerspanbarkeit der nichtrostenden und säurebeständigen Stähle muß man zwischen den Chrom- und Chrommanganstählen einerseits und den austenitischen Chromnickelstählen andererseits unterscheiden.

Die Stähle der Gruppe I und der Gruppe III (Tabelle 32) sind nur insoweit etwas schwieriger gegenüber gewöhnlichen Stählen gleicher Zugfestigkeit zu zer-

---

[1] RAPATZ: Die Edelstähle, 2. Aufl., S. 251. Berlin: Julius Springer 1934.

spanen, als es durch den höheren Anteil an Legierungsbestandteilen bedingt ist. Im allgemeinen kann man sagen, daß das Zerspanungsschaubild S. 14 Gültigkeit hat. Wenn der Chromstahl Nr. 1 bei der spanabhebenden Bearbeitung schmiert, empfiehlt sich eine Vergütung auf $60 \cdots 70$ kg/mm^2 Zugfestigkeit.

Die übrigen Stähle dieser Gruppen haben meist schon im Anlieferungszustand die beste Bearbeitungsfestigkeit. Es ist daher von einer besonderen Wärmebehandlung im weiterverarbeitenden Betrieb abzusehen. Da nach Möglichkeit Hartmetallwerkzeuge verwendet werden sollen, ist durch die hohe Schnittgeschwindigkeit immer eine gesunde Oberfläche gewährleistet.

Die austenitischen Stähle haben infolge ihrer großen Kalthärtbarkeit eine schlechtere Zerspanbarkeit. Sie kann durch keinerlei Wärmebehandlung verbessert werden. Nach Möglichkeit sind hier Hartmetallwerkzeuge zu benutzen.

Ist dies wegen der Form der Werkzeuge oder des Zustandes der Maschinen nicht möglich, so kommen nur hochwertige Schnelldrehstähle in Frage. Die Schnittgeschwindigkeit beim Drehen soll dann etwa 15 m/min sein und bei den übrigen Zerspanungsarten etwa die Hälfte derjenigen bei gewöhnlichen Baustählen. Die Spantiefen und Vorschübe sind entsprechend zu verringern. Bei Bohrarbeiten ist nach Möglichkeit der Spitzbohrer vorzuziehen.

Die Werkzeuge müssen auch früher als bei der Bearbeitung gewöhnlicher Stähle nachgeschliffen werden, um jede Kaltverfestigung an der Arbeitsfläche, die durch Ansteigen der Schnittdrücke verursacht werden könnte, zu vermeiden.

Wenn eine größere Reihenfertigung auf Automaten oder Revolverbänken in Betracht kommt, empfiehlt es sich, ähnlich wie bei den Automatenstählen, die Zerspanbarkeit durch Schwefelzusätze zu verbessern. Das ist ohne Beeinträchtigung der sonstigen Eigenschaften möglich.

43. Die Schweißbarkeit der nichtrostenden und säurebeständigen Stähle. Das Schweißen ist sowohl mit Gas als auch elektrisch möglich. Der Eigenart der Werkstoffe entsprechend sind jedoch folgende Richtlinien zu beachten:

a) Bei der Gasschmelzschweißung ist zunächst die richtige Einstellung des Brenners von Wichtigkeit.

Eine reduzierend (mit Gasüberschuß) eingestellte Flamme bewirkt eine Aufkohlung, da bei der nahen Verwandtschaft des Chroms zum Kohlenstoff dieser schnell aufgenommen wird. Nach dem Vorhergesagten wird dann durch Chromkarbidbildung dem Grundwerkstoff so viel Chrom entzogen, daß die Schweißnaht nicht mehr korrosionsbeständig ist (Abb. 27). Die Flamme mit Gasüberschuß ist auch aus einem anderen Grunde noch gefährlich. Durch eine solche Einstellung wird das Schweißen dieser Stähle erleichtert und unerfahrene Schweißer glauben, dadurch auf eine höhere Schweißleistung zu kommen. Die Schweißnaht zeigt meist äußerlich gar keinen Fehler und scheint auch vollkommen dicht. Die Aufkohlung wird erst unter dem Mikroskop sichtbar.

Eine oxydierend (mit Sauerstoffüberschuß) eingestellte Flamme ist ebenfalls schädlich, da sie eine starke Verschlackung und Gasblasenbildung in der Schweiße verursacht.

Es ist also eine möglichst neutrale Einstellung der Flamme erforderlich. Hierfür gibt es folgenden Werkstattwink: Nach dem Entzünden des Brenners wird erst starker Gasüberschuß gegeben, der daran erkenntlich ist, daß die Azetylenfahne etwa doppelt so lang ist wie der stark leuchtende Schweißkegel. Dann wird durch den Gashahn am Brenner die Gaszufuhr gedrosselt bis der Azetylenfaden verschwindet. Die Brennergröße soll um eine Nummer kleiner genommen werden als bei der gewöhnlichen Flußeisenschweißung.

Als Zusatzwerkstoff soll man keine Blechstreifen, sondern die zu der betreffen-

Brennereinstellung	Schweißung mit neutraler Flamme	Schweißung mit starkem Gasüberschuß (Azetylenfeder ungefähr doppelt so lang wie der leuchtende Kegel)	Schweißung mit Sauerstoffüberschuß
Nahtoberfläche	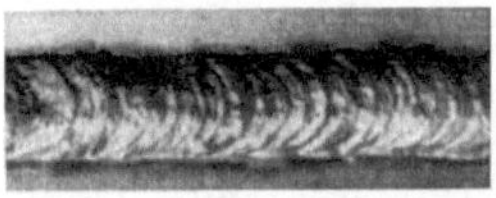	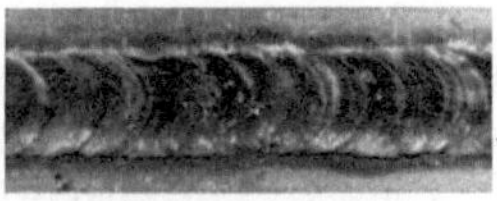	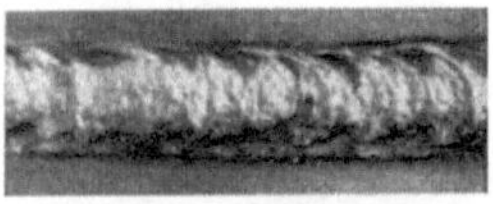
Nahtwurzel	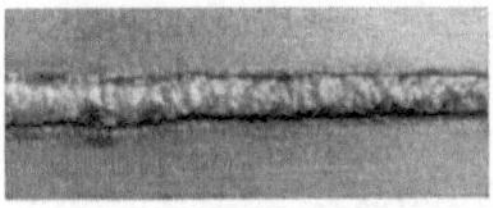	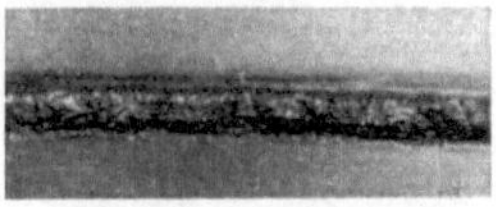	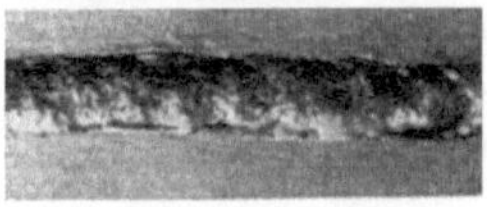
Gefügebild	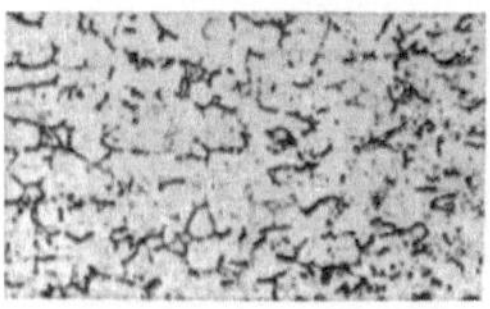	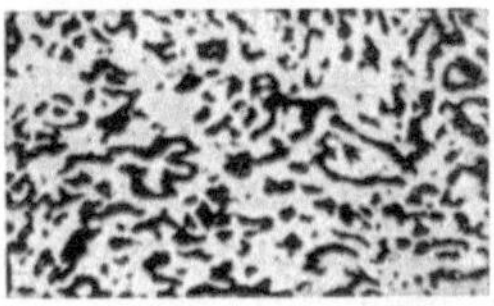	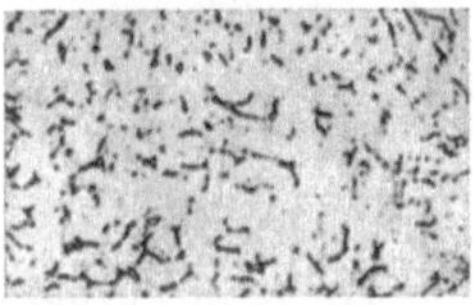
Beurteilung	Schweißnaht zeigt gutes Aussehen. Volle Korrosionsbeständigkeit, geringe Zunderbildung.	Schweißnaht zeigt äußerlich keine Fehler, ist auch vollkommen dicht. Die Aufkohlung, welche erst im Mikrogefüge sichtbar wird, verursacht starke Verschlechterung des Korrosionswiderstandes. Durch Gasüberschuß wird das Schweißen dieser Stähle erleichtert, weshalb unerfahrene Schweißer gern auf den Fehler verfallen, Gasüberschuß anzuwenden.	Schweißnaht zeigt starke Zunderbildung, ist porös und unsauber. Hoher Legierungsabbrand, schlechter Korrosionswiderstand.

Abb. 27. Die richtige Brennereinstellung beim Schweißen nichtrostender Stähle. (Aus Werkschrift: Rost- und säurebeständige Stähle der Gebr. Böhler & Co. AG.)

den Stahlsorte gehörenden Drähte verwenden. Hierdurch wird nicht nur ein leichteres und gleichmäßigeres Schweißen ermöglicht, sondern es kann auch ein gewisser Legierungsabbrand ausgeglichen werden. LEITNER[1] hat festgestellt, daß der Chromabbrand in der Schweißflamme bei neutraler Einstellung bis zu 2% und bei oxydierender Flamme bis zu 15% betragen kann.

Von besonderer Bedeutung ist auch die Art der Schweißung. Sehr gut hat sich die sog. Stichflammenschweißung bewährt[2]. Bei dieser Schweißung handelt es sich um eine sog. Steilkantenschweißung, bei der also kein Abschrägen der Blechkanten erfolgt. Bei neutraler Flammeneinstellung wird durch ein besonderes Mundstück

---

[1] Schmelzschweißung 1932.

[2] Stichflammenschweißung bei rost-, säure- und hitzebeständigen Stählen von ALFRED SCHMID. Das Autogenschweißen 1938 (XI) Heft 7.

ein sehr langgestreckter spitzer Kegel erzeugt. Diese Mundstücke sind heute für diese Schweißung handelsüblich.

Mit dieser Flamme wird in die zusammengelegten Schweißkanten ein Loch gestochen. Der Zusatzdraht wird vor den Brenner geführt und an der oberen Schweißkante rasch abgeschmolzen. Der Brenner wird von rechts nach links geführt (Abb. 28). Das Fugenloch wird mit dem Brenner dauernd offen gehalten. Hierdurch entsteht dann bei sicherem Durchschweißen eine gute Wurzelraupe.

Dieses Schweißverfahren hat den großen Vorteil, daß trotz der durch die hohen Legierungsanteile bedingten geringeren Wärmeleitfähigkeit und höheren Ausdehnungsbeiwerte Verzug und Verwerfungen vermieden werden. Außerdem ist ein sicheres Durchschweißen, vor allen Dingen bei Behältern, gesichert. Die Tabelle 33 gibt einen Anhaltspunkt für den Drahtverbrauch und die notwendige Zeit.

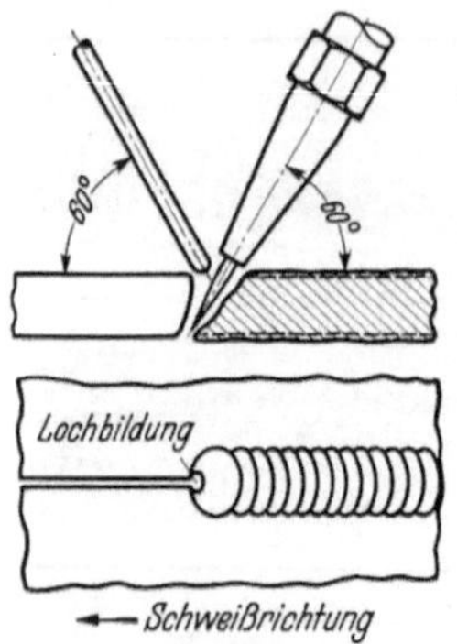

Abb. 28. Brennerführung bei der Stichflammenschweißung.

b) Die Lichtbogenschweißung soll nur mit ummanteltem Schweißdraht durchgeführt werden. Die Mantelmasse erhöht die Leitfähigkeit des Lichtbogens und ermöglicht eine richtige Führung. Außerdem wird das Schweißgut vor Sauerstoff- und Stickstoffaufnahme geschützt.

Der Mantel soll so zusammengesetzt sein, daß keine Legierungsverluste eintreten und die entstehende Schlacke leicht entfernt werden kann.

Das Schweißen soll mit Gleichstrom erfolgen und der Draht ist am Pluspol anzuschließen.

Tabelle 33. Stichflammenschweißung.

Blechstärke in mm	Brenner Nr	Düsenbohrung in mm	Drahtdurchmesser in mm	Ungefährer Drahtverbrauch in kg/m Naht	Ungefähre Schweißzeit in min/m Naht (ohne Heft- und Vorbereitungsarbeit)
0,5	0,5···1	0,3	1	0,010	19
1	0,5···1	0,4	1	0,015	17
1,5	0,5···1	0,5	1	0,020	14
2	0,5···1	0,6	1,5	0,030	13
3	1···2	0,7	2	0,050	11
4	1···2	0,8	2	0,100	13
5	2···4	1,0	2,5	0,200	15
6	2···4	1,3	3	0,350	18
5	4···6	1,6	3	0,500	25

Um eine Verbrennung der Blechkanten zu vermeiden, soll die elektrische Schweißung erst oberhalb 1,5 mm Blechstärke angewendet werden. Der Drahtdurchmesser beträgt bei Blechen bis zu 5 mm 2···4 mm Durchmesser und über 5 mm Stärke 4···5 mm Durchmesser.

c) Die Arcatomschweißung (Lichtbogenschweißung unter Schutzgas) läßt sich bei den rost- und säurebeständigen Stählen gut durchführen. Sie ist besonders dann zu empfehlen, wenn ganz saubere Arbeiten verlangt werden.

d) Die elektrische Widerstandsschweißung hat den großen Vorteil, daß durch die schnell und örtlich begrenzte Erwärmung die geringste Beeinflussung der Nachbarteile von allen Schweißverfahren erfolgt.

Die Schweißnaht und deren Umgebung müssen bei allen Schweißverfahren gründlich gesäubert werden. Dabei gilt die Regel, daß die Oberfläche möglichst in den Zustand gebracht werden soll, der bei gesundem Werkstoff zur Erlangung der größtmöglichen Korrosionsbeständigkeit vorgeschrieben ist.

e) **Die Wärmebehandlung**, die nach dem Schweißen erfolgen soll, ist abhängig von der Art des Stahles. Bei den Stählen der Gruppe I (Tab. 32) ist folgendes zu beachten:

Bei Stahl Nr. 1 (etwa 0,1 C und 12···14 Cr) ergibt sich eine geringfügige Härtesteigerung, die aber vernachlässigt werden kann. Wenn nötig, kann Ausglühen bei 750···800⁰ C mit langsamem Erkalten Besserung bringen. Eine Grobkornbildung tritt nicht auf.

Bei Stahl nach Art 2 und 3 (also im Mittel 0,25 % C und 12···18 % Cr), die vorwiegend für Konstruktionsteile verwendet werden, tritt eine große Härtesteigerung im Schweißgut und der Umgebung auf, da sie schon lufthärtend sind. Außerdem besteht die Gefahr von Spannungsrissen. Die geschweißten Stücke oder zumindest die Schweißstellen müssen bei 750···800⁰ C mit nachfolgender langsamer Abkühlung geglüht werden. Außerdem soll vorgewärmt werden.

Wenn es möglich ist, soll das Schweißen überhaupt vermieden werden.

Bei dem Stahl Nr. 4 und 5 gilt das gleiche. Wenn aber unbedingt geschweißt werden muß, dann wenigstens dunkelrot vorwärmen.

Die Chromnickelstähle der Gruppe 2 der Zahlentafel zeigen noch besondere Eigenschaften beim Schweißen, die man genau kennen muß, um schwere Fehler zu vermeiden.

Im Abschnitt 38 war bei Besprechung der interkristallinen Korrosion erwähnt worden, daß sie bei Erwärmung des austenitischen Stahles auf 500···900⁰ C auftritt. Diese Temperatur wird nun beim Schweißen in irgendeiner Zone, die je nach der Blechstärke, der Schweißart usw. näher oder weiter von der Schweißstelle entfernt ist, erreicht (Abb. 29). Hier hilft dann nur ein Wiedererhitzen auf 1100⁰ C und Ablöschen. Das geht natürlich bei großen Stücken und ortsfesten Anlagen nicht.

Man hat daher den Ausweg gefunden, daß man austenitische Chromnickelstähle geschaffen hat, die schweißfest sind und doch die gleiche Korrosionsbeständigkeit haben wie die anderen Stähle. Sie bedürfen keinerlei Nachbehandlung nach dem Schweißen (s. S. 36).

f) **Die Stähle der Gruppe III** (Tab. 32). Die Chrommanganstähle sind in der Schweiße

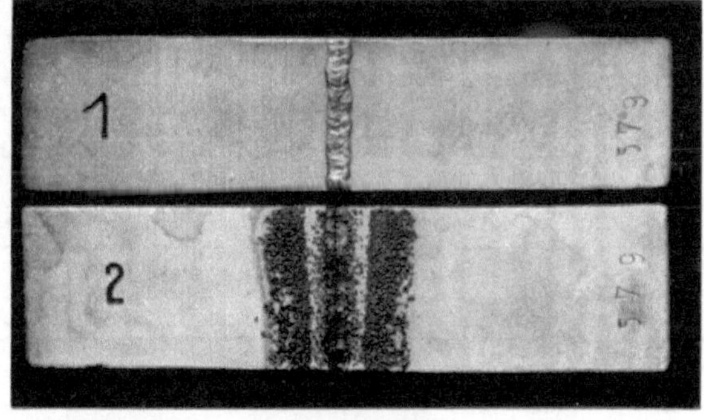

Abb. 29.
Interkristalline Korrosion rechts und links der Schweißnaht.

wohl etwas zäher als die ferritischen Chromstähle, aber lange nicht so zähe wie die austenitischen Chromnickelstähle.

44. Das Löten der nichtrostenden und säurebeständigen Stähle wird bei diesen Stählen auch in vielen Fällen notwendig sein. Die Lötarbeit ist anderen Stählen gegenüber schlechter, weil die Wärmeleitfähigkeit geringer ist und wegen der größeren Zunderbeständigkeit. Wegen der geringeren Wärmeleitfähigkeit muß man die Naht lange erwärmen. Bei der Zunderbeständigkeit ist das Fehlen des Eisenoxyds als Flußmittel sehr störend. Man verwendet daher das übliche Flußmittel Borax in reichlichen Mengen.

Bei den Chromnickelstählen darf man nur die schweißfesten Legierungen hartlöten.

Für das Löten werden nachfolgende Rezepte empfohlen:

Weichlöten: Zinn und Blei zu gleichen Teilen. Schmelztemperatur $250\cdots300^0$.

Hartlöten:

Kupfer	44%	oder	Kupfer	20%
Zink	33%		Zink	30%
Silber	23%		Silber	30%
			Kadmium	20%.

In der Farbe hat folgendes Lot die größte Ähnlichkeit mit nichtrostendem Stahl[1]:

Kupfer 50%
Nickel 10%
Mangan 40%,

jedoch ist hierbei der Nickelgehalt störend. Die Schmelztemperatur beträgt 850 bis 950⁰.

VI. Die hitzebeständigen Stähle.

45. Kennzeichnung der hitzebeständigen Stähle. Hitzebeständige Stähle sind solche Stähle, die dauernd Temperaturen von $550\cdots1300^0$ C ausgesetzt sein können. Man nennt sie oft auch zunderbeständige Stähle. Diese Bezeichnung ist sehr treffend, da sie eine der Haupteigenschaften dieser Stähle angibt.

46. Die Zusammensetzung der hitzebeständigen Stähle. Bei gewöhnlichem Stahl bildet sich etwa oberhalb 500⁰ C durch die Einwirkung der Hitze oder der Feuergase eine lockere und nur lose haftende Zunderschicht, die leicht abblättert und immer neue Schichten des Stahles dem Angriff darbietet.

Bei den zunderbeständigen Stählen bildet sich an der Oberfläche zwar auch eine Zunderschicht. Diese besteht aber aus fast eisenfreien Oxyden der Legierungsmetalle und bildet eine dichte, fest abschließende Hülle, die sich — einmal gebildet — nicht zu erneuern braucht.

Als Legierungselemente, die solche haltbaren Oxydschichten ergeben, kommen Chrom, Silizium, Aluminium und Nickel in Betracht.

Die Tabelle 34 gibt die chemische Zusammensetzung und Temperaturbereiche der gebräuchlichsten hitzebeständigen Stähle an.

Tabelle 34. Hitzebeständige Stähle[2].

Stahl	Chemische Zusammensetzung in %					Anwendbar bei Temperaturen bis zu
	C	Si	Cr	Ni	Al	
1	0,10	0,5	6	—	1	750⁰
2	0,15	1,0	14	—	—	800⁰
3	0,10	1,0	15	—	—	850⁰
4	0,10	1,0	19	—	—	850⁰
5	0,45	3,0	10	—	—	900⁰
6	0,4	1,0	22	—	—	1000⁰ als Guß, 900⁰ als Stabstahl
7	0,6	1,5	30	—	—	1200⁰ als Guß, 1100⁰ als Stabstahl
8	0,35	1,0	22	20	—	1150⁰

An dieser Stelle sind auch die Sicromalstähle zu erwähnen. Sie sind, wie der Name schon sagt, mit Silizium, Chrom und Aluminium legiert.

Die Tabelle 35 enthält die Zusammensetzung und den Anwendungsbereich der gebräuchlichsten Sicromal-Legierungen:

---

[1] AICHHOLZER, W.: Handbuch Stahl und Eisen.
[2] RAPATZ: Die Edelstähle, S. 259.

Tabelle 35. Sicromallegierungen.

Nr.	C	Cr	Si	Al	Verwendbar bis ^{0}C
1	0,1	6,5	0,5	0,9	800^0
2	0,1	23,0	1,0	2,0	1200^0
3	0,1	20,0$\cdots$30,0	1,0	5$\cdots$9	1300^0 (aber nur kurzzeitig)

47. Die kennzeichnende Wirkung des Siliziums im Stahl. Silizium hat als Legierungsbestandteil einen großen Einfluß auf die Eigenschaften des Stahles. Ein gewisser Siliziumgehalt ist von Anfang an durch die Zusammensetzung der Erze gegeben. Bei der Stahlherstellung tritt dann eine weitere Anreicherung ein, da die feuerfesten Steine, mit denen die Öfen ausgekleidet sind, große Mengen Kieselsäure enthalten. Hinsichtlich der physikalischen Daten ist die Auswirkung so, daß 1% Silizium die Festigkeit um etwa 10 kg/mm^2 erhöht bei entsprechender Steigerung der Streckgrenze. Metallurgisch betrachtet gehört Silizium zu den Elementen, die den Stahl von einer gewissen Höhe der Beimengung an ferritisch machen, so daß er von der Schmelztemperatur bis zur Raumtemperatur keine Umwandlung mehr erfährt.

Silizium trägt auch zur Erhöhung der Zunderbeständigkeit dadurch bei, daß ähnlich wie bei Chromzusätzen bei hohen Temperaturen eine starke Anreicherung an sehr dichtem und festhaftendem Siliziumoxyd erfolgt. Diese Wirkung ist besonders gut in Verbindung mit den anderen schon genannten Elementen, ohne daß es diese vollständig ersetzen kann.

48. Die Zunderbeständigkeit der hitzebeständigen Stähle. Wenn man diese Stähle nach ihrem Gefüge beurteilt, so kommt man zu folgender Einteilung:

Die Chromstähle, Chromsiliziumstähle und Silizium-Chrom-Aluminium-Stähle (Sicromal) sind ferritisch, die Chromnickelstähle dagegen austenitisch (vgl. auch Abb. 25 u. 26 S. 38).

Da diese Stähle zur Grobkornbildung neigen, ist bei der Verwendung hierauf Rücksicht zu nehmen. Ein grob gewordenes Korn kann bei diesen Stählen nur durch Schmieden und Walzen verfeinert werden.

Bei den austenitischen Stählen ist die Neigung zur Grobkornbildung auch bei hoher Temperatur gering, so daß die mechanischen Eigenschaften auch bei langer Verwendungsdauer unverändert bleiben.

Eine Norm zur Bestimmung der Zunderbeständigkeit gibt es noch nicht. Daher ist es notwendig, das bei der Ermittlung angewendete Verfahren genau zu beschreiben. Als Maß kann man den Gewichtsverlust in Gramm je Quadratmeter Oberfläche innerhalb einer bestimmten Zeit, z. B. 72 Stunden, angeben (Zunderverlust in g/m^2 in 72 Stunden). Der Versuch selbst wird so durchgeführt, daß Zylinderstahlproben in einem mäßigen Luftstrom 72 Stunden lang bei der jeweiligen Temperatur geglüht werden. Der Zunder, der sich jeweils hierbei bildet, wird durch vorsichtiges Abbeizen entfernt und dann der Gewichtsverlust der Probe bestimmt.

Diese Werte können nur einen Anhaltspunkt geben und können niemals absolut gewertet werden. Außerdem werden dabei eine Reihe von Betriebseinflüssen nicht berücksichtigt. Abb. 30 gibt ein Beispiel, wie sich der Zunderverlust in Abhängigkeit von der Temperatur für verschieden legierte Stähle ändert. Außer der Zunderbeständigkeit ist auch die Festigkeit in der Wärme von besonderer Bedeutung. Sehr oft werden Werte über Warmstreckgrenzen und Warmfestigkeit angegeben, die auf Grund von Kurzzerreißversuchen ermittelt sind. Diese Werte sind als Berechnungsgrundlage zu hoch, da z. B. durch höhere Reißgeschwindigkeit auch hohe Werte für die Streckgrenze und Festigkeit erreicht werden können. Es muß daher angestrebt werden, im Laufe der Zeit zu genauen Unterlagen über die Dauerstandfestigkeit zu kommen. Unter Dauerstandfestigkeit versteht man die Grenzbelastung, unterhalb der ein anfänglich auftretendes Dehnen (Kriechen) des Werkstoffes noch zum Stillstand kommt. Bei Überschreiten dieser Grenzbelastung ist aber mit einem dauernden Dehnen bis zum Eintritt des Bruches zu rechnen. Naturgemäß muß man in der Praxis so rechnen, daß die wirkliche Belastung nicht an diese Grenzbelastung herankommt.

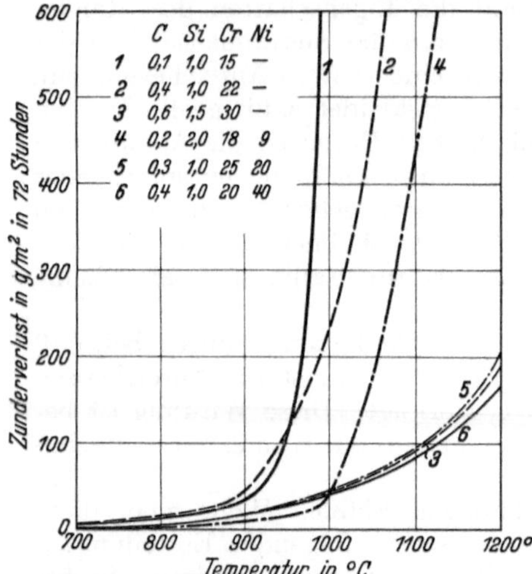

Abb. 30. Zunderverluste einiger hitzebeständiger Stähle.

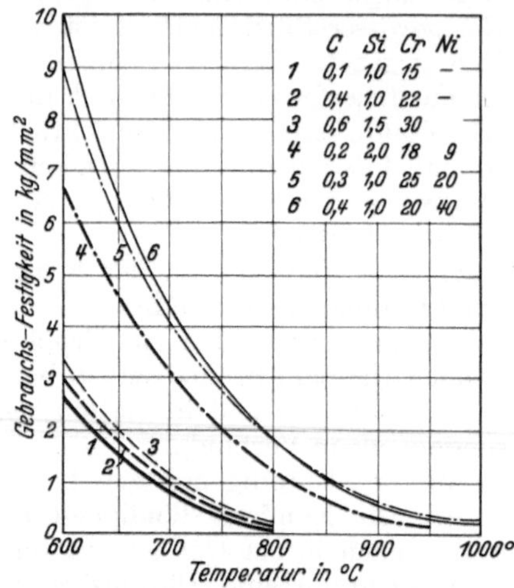

Abb. 31. Zulässige Beanspruchung im Dauergebrauch bei einigen zunderbeständigen Stählen.

Leider fehlen die genauen Unterlagen für die hitzebeständigen Stähle noch. Abb. 31 gibt aber gute Werte, die auf Grund langer praktischer Erfahrung zusammengestellt sind[1].

49. Die Wirkung des Aluminiums auf die Zunderbeständigkeit. Mittels des Aluminiums kann man eine gewisse Zunderbeständigkeit nicht nur durch Zulegierung, sondern auch durch Oberflächenbehandlung erreichen. Man unterscheidet hierbei zwei Verfahren:

a) Beim „Alitieren" wird der fertige Bauteil (meist weicher, unlegierter Stahl) in Aluminiumpulver eingepackt und bei Temperaturen bis zu 1000⁰ geglüht. Das Aluminium diffundiert in das Eisen und bildet eine Haut aus zunderbeständigem Aluminiumoxyd. Naturgemäß ist diese Schicht weniger beständig als wenn sie durch zulegierte gebildet wird. In vielen Fällen ist sie jedoch ein gutes Hilfsmittel.

b) Auch das „Alumentieren" ist ein praktisches Hilfsmittel für fertige Einbauteile. Nur wird hierbei das Aluminium aufgespritzt und durch nachfolgendes Glühen möglichst innig mit dem Grundwerkstoff verbunden.

50. Die Anwendungsgebiete der hitzebeständigen Stähle sind in erster Linie im Ofenbau und Ofenbetrieb zu finden, soweit die Wärmebehandlung von Stahl und Metallen, das Brennen von Porzellan, Emaille, Glas und die Aufbereitungsindustrie in Frage kommen.

Die Teile, die benötigt werden, sind: Transportelemente, Ofenarmaturen, Tiegel, Glühtöpfe, Einsatzkästen, Härtekästen, Brenndüsen, Retorten, Pyrometerschutzrohre u. a. m.

---

[1] RAPATZ: Die Edelstähle, S. 261.

Im Interesse einer Legierungsersparnis muß man aber immer prüfen, bei welchen Teilen man noch mit keramischen Baustoffen auskommt. Soweit es sich nur um Beständigkeit gegen hohe Temperaturen oder schädliche Gase handelt, entsprechen sie meist sehr gut. Sobald jedoch Warmfestigkeit, Formbeständigkeit, Unempfindlichkeit gegen Temperaturwechsel verlangt wird, muß man zu den hitzebeständigen Stählen übergehen.

51. Die Zerspanbarkeit der hitzebeständigen Stähle ist mit den gleichen Einschränkungen wie bei den rostsicheren Stählen gut. Es können die Werte für hochlegierte Stähle gleicher Festigkeit zugrunde gelegt werden.

52. Das Schweißen der hitzebeständigen Stähle kann autogen und elektrisch durchgeführt werden. Bei Blechstärken unter 1,5 mm ist die Gasschmelzschweißung vorzuziehen.

Bei den hochlegierten Chromstählen zeigt die Schweißnaht und deren benachbarte Zone meistens eine Kornvergröberung und eine damit verbundene Sprödigkeit.

Bei den mit Silizium legierten Stählen ist noch mehr Vorsicht geboten. Sie haben zwar eine geringere Kornvergröberung, dafür aber eine größere Rißempfindlichkeit und schlechteres Bindungsvermögen.

Beim Schweißen von Gußstücken sollen diese dunkelrot angewärmt werden und nachher langsam erkalten. Man kann die Zähigkeit verbessern, indem man anschließend bei $750\cdots800^0$ C glüht und langsam an der Luft abkühlt.

VII. Die Federstähle.

53. Die Einteilung der Federstähle. Man unterscheidet bei den Federn, die aus den Federstählen hergestellt werden, drei große Anwendungsgebiete.

a) Springfederdraht. Aus diesem Draht werden Matratzen- und Sesselfedern hergestellt. Es ist dies ein großes Anwendungsgebiet für die Draht erzeugende und Draht verarbeitende Industrie. Die Drähte werden ohne Zwischenglühung vom Walzdraht auf Fertigmaß gezogen. Der fertige Draht soll eine Festigkeit von $110\cdots120$ kg/mm² haben.

b) Federn, die Stöße und Schwingungen aufnehmen und dämpfen sollen. Hierzu gehören Fahrzeugfedern (Kutschen, Autos, Schienenfahrzeuge und sonstige Fahrzeuge), Geschützvorholfedern u. a. m. Die Federn selbst werden in den verschiedensten Ausführungsarten verwendet: als Blattfedern, Ringfedern, Spiralfedern, Schraubenfedern, Torsionsfedern usw. Im Automobilbau haben die Schraubenfedern und Torsionsstäbe in der letzten Zeit größere Anwendung gefunden.

c) Zur Aufspeicherung von Arbeitsvermögen. Hier kommen in Frage: Federn für Uhrwerke aller Art, Laufwerke (Grammophon), Schloßfedern, Ventilfedern. Auch hier finden sich die verschiedensten Ausführungsformen, von der sorgfältigst hergestellten Spiralfeder für Uhren und Laufwerke, den fast nie ermüdenden Ventilfedern bis zur einfachsten Zungenfeder eines Schlosses.

54. Zusammensetzung und Anwendungsgebiete der Federstähle. Der Werkstoff, der zur Herstellung der Federn benutzt wird, richtet sich in seiner Zusammensetzung und Weiterverarbeitung nach der Beanspruchung und dem Ausführungsort.

Die Tabellen 36 und 37 geben einen Überblick über die Zusammensetzung und Anwendungsgebiete der gebräuchlichsten Federstahlsorten.

Für den Sprungfederdraht verwendet man wassergehärteten Walzdraht aus Thomasstahl, der dann die eingangs geschilderte Weiterbehandlung erfährt.

Unlegierte Kohlenstoffstähle werden für hochbeanspruchte Uhren- und Grammophonfedern genommen. Man geht hier mit der Festigkeit auf $200\cdots220$ kg/mm²,

Tabelle 36. Zusammensetzung und Verwendungsgebiete von Federstählen.

Art der Legierung	Nr.	C %	Si %	Mn %	Cr %	Verwendungszweck
Kohlenstoff-stahl	1	0,10⋯0,15	—	0,20⋯0,50	—	Matratzenfedern, niedrigbeanspruchte Spiralfedern.
	2	0,45⋯0,55	0,40⋯0,60	0,50⋯0,70	—	Federn für Schlösser und ähnliche geringere Beanspruchung.
	3	0,95⋯1,10	0,20	0,20⋯0,40	—	Uhrenfedern, Grammophonfedern.
Si-Mn-Stahl	4	0,45⋯0,55	0,2 ⋯0,4	1,5 ⋯1,8	—	
	5	0,55⋯0,65	1,7 ⋯2,0	0,80⋯0,90	—	Autofedern.
Si-Stahl	6	0,60⋯0,70	2⋯3	0,60	—	Hochbeanspruchte Schraubenfedern.
Si-Cr-V-Stahl	7	0,45⋯0,55	0,20⋯0,40	0,70⋯0,90	0,90⋯1,20, V = 0,15⋯0,25	Autofedern, Spiralfedern, Torsionsfedern.

Tabelle 37.
Zusammensetzung und Verwendungsgebiete von Federstählen für Sonderzwecke.

Nr.	C	Si	Mn	Cr	Verwendungszweck
1	0,45⋯0,55	1,50⋯1,80	0,50⋯0,75	—	Tragfederstahl ⎫ nach den Vorschriften der Deutschen Reichsbahn. Spiralfederstahl ⎬ Pufferfederstahl ⎭
2	0,35⋯0,45	1,70⋯2,0	0,50⋯0,70	—	Federringstahl für Schraubenverbindungen nach Vorschrift der Deutschen Reichsbahn.
3	0,60⋯0,65	2,80⋯3,20	0,80⋯1,0	—	Geschützvorholfedern.
4	0,55⋯0,65	0,80⋯1,0	0,30⋯0,50	1,0⋯1,2	Ventilfedern für Betriebstemperaturen bis 300⁰ C.

da bei den dünnen Abmessungen sehr große Zugkräfte aufgenommen werden. Außerdem muß die Federkraft besonders bei Grammophonlaufwerken immer sehr gleichmäßig bleiben, um die Tonwiedergabe nicht zu stören. Daher geht man auch bis zu einem Kohlenstoffgehalt von 1,10 % bei bestem Reinheitsgrad des Stahles.

Die manganlegierten Federstähle sind sehr beliebt, weil sie ein faserigeres Bruchaussehen haben als andere Stähle. Abb. 32 zeigt das Bruchaussehen eines Manganfederstahles.

Bei dieser Zeilenbildung der Mangansulfide kann es nur selten vorkommen, daß ein Federblatt ganz glatt und ohne vorherige Ankündigung bricht. Es wird vielmehr erst einen Anriß bekommen und dann erst stufenweise immer bis zur nächsten Zeile brechen.

Die Siliziumstähle haben bei hochbeanspruchten Federn, besonders bei Spiralfedern, ein großes Anwendungsgebiet gefunden. Da die Siliziumfederstähle eine geringere Härtefähigkeit als die Manganfederstähle aufweisen,

Abb. 32. Bruchaussehen eines Manganfederstahles.

kann die Wasserhärtung bei der ersten Gruppe bis zu 0,50 % C gegenüber 0,40 % C bei den letzten Gruppen angewendet werden.

Durch Zusatz von Chrom können die Eigenschaften des Verhaltens bei hohen Temperaturen noch weiter verbessert werden.

55. Die Bedeutung der Schwingungsfestigkeit. Bei den meisten Federn kommt es auf gute Schwingungsfestigkeit an. Es ist bereits früher darauf hingewiesen worden, welchen Einfluß geringe Oberflächenfehler auf die Schwingungsfestigkeit ausüben[1]. Hier ist es ohne Bedeutung, ob es sich um eine Verletzung der Oberfläche durch die Bearbeitung (Kerbe, Riefen) oder durch Korrosion (Anfressungen, Narben) handelt. Diese Verletzungen der gesunden Oberfläche leiten infolge Kerbwirkung den Anriß, der schließlich zum Bruch führt, ein. Es ist daher wichtig, schon beim Ausgangswerkstoff (Band oder Draht) darauf zu achten. Lassen sich dann im Herstellungsgang ungesunde Oberflächenteile nicht ganz vermeiden, muß die Beanspruchung entsprechend herabgesetzt werden. Bei hochbeanspruchten Ventilfedern muß der Walzdraht vorher auf der spitzenlosen Schleifmaschine geschliffen werden. Bei Blattfedern mit sehr dünnen Abmessungen können auch Längsriefen sehr gefährlich werden. Sehr oft kommt es vor, daß Federn, die auf Schwingungsfestigkeit beansprucht werden (Autofedern und Ventilfedern), ständig oder zeitweise mit Wasser, z. B. Spritzwasser oder Kondenswasser, in Berührung kommen. Hierdurch können Korrosionsangriffe ebenfalls den Dauerbruch einleiten. In solchen Fällen empfiehlt sich die Anwendung eines Korrosionsschutzöles[1], welches durch sein Eigenemulgierungsvermögen den korrodierenden Einfluß des Wassers unschädlich macht und die Federn mit einer dichten Schutzhaut überzieht. Meist genügt ein regelmäßiges Einnebeln mit diesem Öl.

Zur Erreichung der physikalischen Werte kommt der richtigen Wärmebehandlung eine große Bedeutung zu. Wenn daher in kleineren Betrieben oder in Reparaturwerkstätten nicht die Gewähr für eine einwandfreie Wärmebehandlung gegeben ist, liefern die Edelstahlwerke Stähle, die keiner Wärmebehandlung mehr bedürfen. Diese haben eine Festigkeit von etwa 125 kg/mm^2 und können in diesem Zustand kalt gesprengt werden.

56. Die Prüfung der Federn. Geprüft werden die fertigen Federn nach den jeweiligen Vorschriften, z. B. der Deutschen Reichsbahn oder der bestellenden Firmen. Meist müssen sie eine bestimmte Anzahl von Lastenwechsel aushalten oder wie bei Uhrenfedern oder Laufwerken ein immer wiederholtes Aufziehen.

VIII. Die Ventilstähle.

A. Grundlagen.

57. Kennzeichnung der Ventilstähle. Sie dienen zur Herstellung der Ventile für Brennkraftmaschinen. Das Auslaßventil ist am stärksten und vielseitigsten beansprucht. Obwohl das Einlaßventil fast nur mechanisch beansprucht ist, macht man es meist aus dem gleichen Werkstoff, um Verwechslungen zu vermeiden.

Die Beanspruchungen sind folgender Art:

Hohe und wechselnde Temperaturen, korrodierender Angriff der Verbrennungsgase, Anwendung von Antiklopfmitteln, z. B. Bleitetraäthyl, stoßweise Belastung, Verschleiß im Ventilkegelschaft (Lauffähigkeit).

Darüber hinaus verlangt man eine gute Wärmeleiteigenschaft und die Möglichkeit, das Ende des Ventilkegelschaftes leicht und sicher zu härten, um ein Ausschlagen zu verhindern. Dies ist um so notwendiger, da die Stähle, die den vorstehend erwähnten Anforderungen genügen, von Haus aus keine allzu hohe Festigkeit haben.

---

[1] BUCHHOLZ u. KREKELER: Stahl u. Eisen 1935.

Um diese Forderungen zu erfüllen, verwendet man Stähle mit 2···10% Chrom und 2···4% Silizium. Ein Stahl mit 10% Chrom und 3% Silizium hat sich besonders gut bewährt. Auch ein Stahl mit 1,6% Kohlenstoff und 12% Chrom wird viel verwendet. Für sehr hohe Beanspruchung nimmt man einen austenitischen Stahl mit 14% Chrom, 14% Nickel und 2% Wolfram.

58. Die Herstellung der Ventilkegel. Bei der Herstellung der Ventilkegel ist es von großer Bedeutung, einen einwandfreien, ununterbrochenen Faserverlauf und ein gleichmäßiges Gefüge der fertigen Kegel zu haben.

Abb. 33 zeigt das Wesentliche des Herstellungsverfahrens. Aus einem entsprechend abgelängten Stahlstab wird bei elektrischer Erwärmung ein pilzartiger Kopf angestaucht, der dann in dem folgenden Arbeitsgang im Gesenk zum Teller gepreßt wird. Diese kalibriert gestauchten Kegel sollen eine ganz geringe Bearbeitungszugabe haben, so daß nur noch wenig Schleifarbeit übrigbleibt. Dadurch wird die Faser voll erhalten, was bei einem geschmiedeten Rohling nur schwer möglich ist.

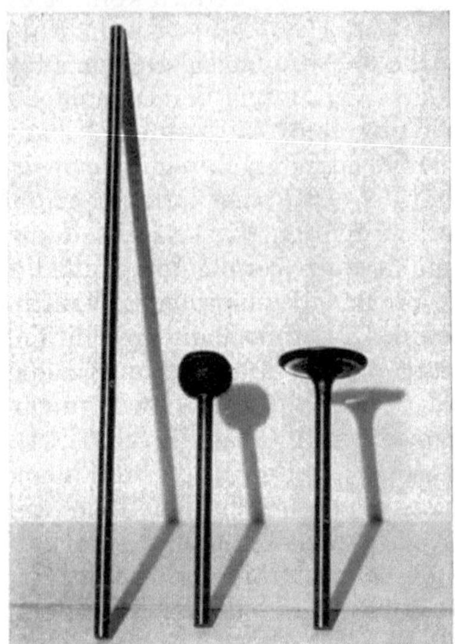

Abb. 33. Die Herstellung eines Ventilkegels.

Die sorgfältige Oberflächenbearbeitung, besonders auch am Übergang vom Teller zum Schaft, ist wegen Vermeidung der Dauerbruchgefahr sehr wesentlich. Wenn die Oberfläche nicht gesund ist, nutzt der beste Stahl nichts.

Beim Härten der Schaftenden ist auf kurzes Anwärmen zu achten, damit nicht ein zu langes Stück des Schaftes in Mitleidenschaft gezogen wird. Besondere Vorsicht ist notwendig, wenn zur Befestigung des Federtellers eine zylindrische Eindrehung am Schaftende vorgesehen ist. Die Härtung darf dann nicht bis zur Eindrehung reichen.

Bei höchstbeanspruchten Ventilen verbessert man die Wärmeleitfähigkeit des Stahles dadurch, daß man die Kegel nach verschiedenen patentierten Verfahren hohl ausführt und mit Natrium füllt.

B. Zusammensetzung und Anwendungsgebiete der Ventilstähle.

59. Zusammenstellung gebräuchlicher Ventilstähle. In der Tabelle 38 sind diejenigen Ventilstähle mit Angabe des Verwendungsbereiches zusammengestellt, die häufig benutzt werden.

60. Verwendung von Hartmetall bei hochbeanspruchten Ventilkegeln. Neuerdings ist man auch in größerem Maße dazu übergegangen, den Tellerrand und den Tellersitz durch Auftropfen von Hartmetall (ähnlich dem amerikanischen Stellit) zu verbessern. Dabei sind die Gebrauchsanweisungen der Lieferfirmen[1] genau zu beachten. Als Beispiel ist hier die Celsit-Verwendung geschildert.

---

[1] Gebr. Böhler & Co. A.-G.: Celsit. — Deutsche Edelstahlwerke A.-G.: Tizit. — I. G. Farben Werk Griesogen: Griedur. — Fried. Krupp A.-G.: Percit. — Röchlingsche Eisen- und Stahlwerke G. m. b. H.: Stellamant.

Tabelle 38. Ventilstähle.

Nr.	Stahlart	C	Si	Mn	Cr	Ni	W	Verwendungsbereich	Härtetemperaturen für Schaftenden	Anwendungs-zustand
1	Si-Cr-Stahl	0,40	4,0	0,4	2,8	—	—	geringe Beanspruchung Ventile bis 640° C	930 ⋯ 950° C Öl	vergütet
2	Si-Cr-Stahl höher leg.	0,40	3,5	0,4	8,5	—	—	gewöhnliche Beanspruchung bis 700° C	1050 ⋯ 1070° C Öl	vergütet
3	Cr-Stahl	0,40	3,5	0,4	10,0	—	—	gewöhnliche Beanspruchung bis 700° C	1000 ⋯ 1050° C Öl	vergütet
4	Cr-Co-Stahl	1,40	0,40	0,3	12,0	Co 1,8	Mo 1,2	gewöhnliche Beanspruchung bis 700° C	1000 ⋯ 1020° C Öl	vergütet
5	Cr-Ni-W-Stahl	0,50	1,5	1,0	13,0	Ni 13,0	W 2,5	für höchste Beanspruchung bis 800° C	Austenitischer Stahl. Das Schaftende kann nicht gehärtet werden, daher eingesetzten Teil aus härtbarem Stahl vorsehen	entspannt

Das Celsit ist eine gegossene eisenfreie Legierung auf der Grundlage von Chrom-Kobalt-Wolfram. Als Richtanalyse gilt etwa folgende Zusammensetzung:

C	Co	Cr	Wo
2 ⋯ 4 %	35 ⋯ 55 %	25 ⋯ 33 %	10 ⋯ 25 %

Dieses Metall hat hohen Widerstand gegen Korrosion (chemische Angriffe) und Erosion (mechanische Angriffe). Außerdem ist es zunderbeständig und verschleißfest.

Diese Eigenschaften sind natürlich bei hochbeanspruchten Ventilkegeln sehr erwünscht.

Bevor auf die Verwendung eines Werkstoffes näher eingegangen wird, sollen einige Unterlagen über Kobalt und Wolfram gegeben werden.

61. Allgemeines über das Vorkommen und die Gewinnung des Kobalts (Co). Wenn man früher ein Erz fand, welches beim Einschmelzen nur einen schwarzen Rückstand gab, so sagte man, daß es durch Bergkobolde verzaubert sei. Daraus ist dann der Name Kobalt entstanden. Es ist dem Nickel ähnlich, mit dem es oft zusammen vorkommt.

Das Hauptvorkommen ist in Kanada, Belgisch-Kongo, Neukaledonien und Südnorwegen.

In Deutschland sind geringe Vorkommen in Schneeberg (Erzgeb.), im Mansfeldschen und etwas auf Siegerländer Spateisensteingängen. Die Kobaltproduktion ist fast restlos vertrustet. Die Welterzeugung betrug etwa:

1913	1927	1929	1930
800	1699	2305	2264 t.

Kobaltzusätze werden außer für Ventilstähle in stärkerem Maße für Magnet- und Werkzeugstähle gemacht. Sehr bekannt ist auch die Verwendung von Kobalt zum Färben von Glas.

Man sollte in der Verwendung von Kobalt möglichst sparsam sein.

62. Die kennzeichnende Wirkung des Kobalts im Stahl. Durch Kobaltzusatz wird die Warmfestigkeit erhöht. Die Festigkeit der Grundmasse wird heraufgesetzt, desgleichen die Härte und Anlaßtemperatur. In Schnelldrehstählen erhöht es die Anlaßbeständigkeit, so daß die Standzeit der Werkzeuge bedeutend zunimmt.

*

Weiterhin wird es in großen Prozentsätzen (30···50%) bei den Stelliten (Abschn. 60) zugesetzt. Bei den Stelliten handelt es sich um gegossene Legierungen aus Kobalt und mehreren Metallen der Chromgruppe (Chrom—Wolfram—Molybdän). Die Stellite haben ein großes Anwendungsgebiet gefunden, durch Aufschweißen verschleiß- und warmfeste Oberflächen herzustellen.

Die Kobaltmagnete werden für sehr hochbeanspruchte Lichtmaschinen, Kompaßnadeln usw. benutzt.

63. Allgemeines über das Vorkommen und die Gewinnung von Wolfram (W). Der Name kommt von Wolfrig, weil der Zinngehalt, sobald Wolframerz in die Zinnkonzentrate gerät, gewissermaßen aufgefressen wird.

Wolfram hat mit 3370° C den höchsten Schmelzpunkt von allen Metallen.

Das Hauptvorkommen ist in China. Deshalb ist der Preis und die Liefermöglichkeit sehr stark von den Ereignissen in China abhängig.

Geringere Vorkommen sind in Bolivien, Burma und Spanien.

In Deutschland sind Vorkommen im östlichen und westlichen Erzgebirge sowie in der Nähe von Partenkirchen.

Wolfram wird sehr oft den Werkzeugstählen zugesetzt, um die Schneidfähigkeit zu erhöhen. In großem Umfange wird es bei der Glühlampenherstellung, sowie für Röntgen- und Radioröhren benutzt.

64. Die kennzeichnende Wirkung des Wolframs im Stahl. Wolfram beeinflußt die Karbidbildung. In Verbindung mit Chrom werden Doppel- und Mehrfachkarbide gebildet. Diesen Karbiden schreibt man bekanntlich die gute Schneidhaltigkeit der wolframlegierten Schnelldrehstähle zu.

Die Streckgrenze und Zugfestigkeit werden je 1% Wolfram um etwa 4 kg/mm² heraufgesetzt. Die Warmfestigkeitseigenschaften werden sehr verbessert.

Wolfram wird auch noch in großem Umfange bei den Hartmetallen verwendet. Die Hartmetalle sind Karbide der hochschmelzenden Metalle, wie z. B. Wolfram, Tantal, Titan. Diejenigen Hartmetalle, die durch Sinterung unter Zusatz eines niedriger schmelzenden Hilfsmetalls hergestellt werden, haben die größte Bedeutung bekommen. Man erhält dadurch eine große Härte und doch auch die Zähigkeit, wie sie bei der Verwendung in der spanabhebenden Formgebung notwendig ist.

65. Auftragsschweißen von Hartmetall bei hochbeanspruchten Ventilkegeln. Das Aufbringen des Hartmetalles kann sowohl autogen als auch elektrisch geschehen. Bei letzterem Verfahren werden ummantelte Stäbe benutzt.

Die mit Hartmetall zu belegenden Stücke sind immer gut vorzuwärmen und nach dem Schweißen langsam abzukühlen.

Bei der Gasschmelzschweißung ist darauf zu achten, daß die Schweißflamme reichlichen Azetylenüberschuß hat. Die Aufkohlung des Schweißgutes ist erwünscht, da die Verschleißfestigkeit durch die Härtesteigerung erhöht wird. Der Grundwerkstoff ist nur so weit zu erwärmen, daß er gerade anschmilzt, ohne daß Löcher entstehen. Die erste Lage ist daher auch möglichst dünn zu halten. Der Schweißdraht soll nicht im Bad gehalten werden, um Kraterbildung zu vermeiden.

Die abgeschmolzenen Tropfen sollen durch die Flamme gut verteilt werden.

Bei der Elektroschweißung ist der Einbrand besonders wichtig. Das Hartmetall Celsit (Abschn. 60) ist, wie auch andere Hartmetalle, eisenfrei. Da mit steigendem Eisengehalt die Verschleißfestigkeit und der Widerstand gegen chemische Einflüsse dieses Metalls schlechter werden, muß darauf geachtet werden, daß aus dem Grundwerkstoff möglichst kein Eisen aufgenommen wird. Daher muß ein allzu tiefer Einbrand vermieden werden. Dies erfordert besonders große Übung, wenn nur in einer Lage geschweißt werden soll. Die Gefahr der Eisenaufnahme ist bei der elektrischen Schweißung wegen des starken Einbrandes größer als bei der Gas-schmelzschweißung.

Die spanabhebende Nachbehandlung der Kegel und Sitze erfolgt mittels Werk-zeugen, die mit Hartmetall bestückt sind (Abb. 34).

Abb. 34. Hochleistungsventilkegel mit Hartmetallsitz.

66. Die Prüfung der Ventilkegel. Als Beispiel für die Prüfungen von Auslaß-ventilen für Flugzeugmotoren sind die nachstehenden Richtlinien wiedergegeben, die einen guten Überblick geben über die zu stellenden Anforderungen (dazu Abb. 35).

Richtlinien für die Abnahme von einbaufertigen Ein- und Auslaßventilen für Flugmotoren.

1. Ventilkegel, die irgendwelche Anrißbildungen zeigen, sind grundsätzlich auszuscheiden.

2. Die Sitzfläche (in Skizze doppelt schraffiert) darf keine irgendwie gearteten Fehlstellen (Schlacken oder Verletzungen) enthalten.

3. Folgende (in der Skizze einfach schraffierte Zonen) dürfen nur punktförmige Einschlüsse enthalten, soweit diese nicht in Nestern auftreten und im Durchmesser unter 0,5 mm liegen.

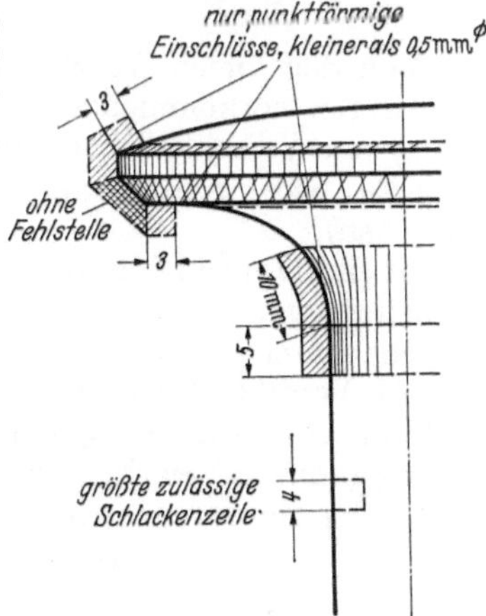

Abb. 35.
Die Prüfung der Ventilkegel.

Es sind dies:

Die zylindrische Fläche des größten Tellerdurch-messers und die an diese und an die Sitzfläche anschließende je 3 mm breiten Kreisringflächen.

Weiter:

Der Schaftübergang zur Kehlung, und zwar im zylindrischen Schaft 5 mm vor Beginn des Kehlungs-radius, 10 mm in die Kehlung hinein.

4. An allen übrigen Stellen:

restliche Kehlungsfläche, Tellerfläche und Schaft sind Schlacken bis zu einer Länge von 4 mm einschließlich zulässig.

Sind mehrere Schlacken in gleicher Faserrichtung vor-handen, so dürfen sie zusammen eine Länge von 4 mm nicht überschreiten.

Auf jeder dieser drei Restflächen dürfen über dem Um-fang nicht mehr als fünf derartige Schlacken vorhanden sein.

Punktförmige Schlacken sind, soweit sie nicht in Nestern auftreten und im Durchmesser unter 0,5 mm liegen, zulässig.

IX. Die verschleißfesten Stähle.

A. Allgemeines.

67. Kennzeichnung der verschleißfesten Stähle. Die verschleißfesten Stähle dienen zur Herstellung solcher Bauteile, die stark auf Verschleiß beansprucht werden. Die im praktischen Betrieb vorkommenden Verschleißarten sind sehr zahlreich und sehr schwer nach bestimmten Einflußgrößen zu trennen. Bisher ist es noch nicht möglich gewesen, einen Stahl herzustellen, der Widerstand gegen alle Arten von Verschleiß zeigt. Man muß daher die Zusammensetzung des Stahles den jeweiligen Beanspruchungen anpassen. Das Legierungselement, welches die Verschleißfestigkeit steigert, ist Mangan. Es wird bei den Stählen der höchsten Verschleißfestigkeit in Mengen von $12 \cdots 14\%$ zugesetzt.

68. Allgemeines über das Vorkommen und die Gewinnung von Mangan (Mn). Manganés diente im Mittelalter der italienischen Glasmalerei als Entfärbungsmittel. Der Name ist verstümmelt aus Magnatitens. Das wichtigste Manganerz ist Braunstein. Das Hauptvorkommen ist im Kaukasus. Außerdem noch in Südafrika, Britisch-Indien, Brasilien. In Deutschland sind zum Teil sehr reine Vorkommen im Thüringer Wald und im Harz. Außerdem auch noch im Siegerland.

Die Weltproduktion betrug 1935 4,2 Mill. Tonnen, 1936 schon 5,3 Mill. Tonnen; davon Rußland allein 3,0 Mill. Tonnen.

Der größte Manganverbraucher ist die Stahlindustrie. Außerdem wird es noch in der Glasindustrie, in der Chemie und Elektrotechnik benutzt.

69. Die kennzeichnende Wirkung des Mangans im Stahl. Die Zugfestigkeit und die Streckgrenze steigen um etwa $10 \, \text{kg/mm}^2$ je 1% Mn an. Die Schmiedbarkeit und Feuerschweißbarkeit werden günstig beeinflußt, ebenso die Einhärtungstiefe. Diese Erkenntnis ist sehr wichtig. Daher enthalten auch reine Kohlenstoffstähle schon $0,6 \cdots 0,8\%$ Mangan, um die Durchhärtung zu erhöhen. Über 12% Mn und $0,9\%$ C sind die Stähle austenitisch und verschleißfest.

B. Zusammensetzung und Anwendungsgebiete der verschleißfesten Stähle.

Von den vielen Abarten der Verschleißbeanspruchung werden die beiden am häufigsten vorkommenden behandelt[1]. Es sind dies:

a) eine Verschleißbeanspruchung in Zusammenhang mit dem Auftreten höherer Drucke oder Schlagbeanspruchung (Aufbereitung, Brikettierung, Herzstücke, Weichen),

b) eine Verschleißbeanspruchung ohne wesentlichen Druck durch schmirgelnde Arbeitsvorgänge (Düsen von Sandstrahlgebläsen, Mahltrommeln).

Hierdurch ist auch schon die Zusammensetzung der geeigneten Stähle bestimmt.

70. Verschleißbeanspruchung bei Auftreten von Druck oder Schlag. Hierbei haben sich am besten die manganlegierten Stähle bewährt. Bei den höchsten Beanspruchungen durch Verschleiß in Verbindung mit Kaltverformung wird ein Stahl nachstehender Zusammensetzung benutzt:

$$1,0 \cdots 1,4\% \; \text{C} \qquad 12 \cdots 14\% \; \text{Mn}$$

Der Stahl ist austenitisch und erhält ein gutes gleichmäßiges Gefüge durch Abschrecken aus 1000° in fließendem Wasser. Wie die nachstehenden Zahlenwerte

---

[1] SOMMER, FRANZ: Werkstoffe für die Aufbereitung und Brikettierung. Stahl u. Eisen als Werkstoff, Bd. IV. Düsseldorf: Verlag Stahl und Eisen 1928.

zeigen, hat der Stahl bei hoher Festigkeit eine sehr geringe Streckgrenze und große Dehnung.

Festigkeit kg/mm²	Streckgrenze kg/mm²	Dehnung %
90···110	40···60	35···60

Seine beste Eigenschaft jedoch, die ihn so verschleißfest macht, ist die Verfestigung durch Kaltverformung, auch oft Kalthärtbarkeit genannt. Die Härtesteigerung durch Kaltverformung wie Ziehen, Walzen usw. ist bekannt, jedoch tritt sie beim 12···14 proz. Manganstahl besonders stark auf.

Die Wirkung ist folgendermaßen:

Wenn im Gebrauch z. B. einer Schlägermühle die Oberfläche dieses Stahles über die Streckgrenze hinaus beansprucht wird, muß durch die eintretende Härtesteigerung der Abnützungswiderstand sehr viel größer werden.

Die beste Wechselwirkung zwischen Kaltverformung und Verschleiß wird erzielt, wenn das Verhalten von Kohlenstoff zu Mangan etwa 1 : 10 ist.

Infolge der hohen Dehnung ist dieser Stahl auch als äußerst bruchsicher anzusehen. Was dies z. B. für ein großes Becherwerk bedeutet, weiß jeder Betriebsmann, der einmal eine in sich zusammengefallene Eimerkette auseinandergeklaubt hat.

Für den Tagebau und die Aufbereitungsindustrie ist es auch von Wichtigkeit, daß die guten Eigenschaften auch in der Kälte erhalten bleiben.

Wenn geringere Beanspruchungen hinsichtlich der Kaltverformung vorliegen, wird ein perlitischer Manganstahl benutzt. Dieser hat den Vorteil der guten Vergütbarkeit und leichteren Bearbeitbarkeit. Dieser niedrig legierte Manganstahl ist also eine Zwischenstufe zwischen dem austenitischen Stahl höchster Kaltverformbarkeit und den Stählen mit besonders hoher Oberflächenhärte im Ausgangszustand.

Der Stahl hat etwa folgende Zusammensetzung:

$$0{,}60···0{,}90 \text{ C} \qquad 0{,}80···3{,}0\% \text{ Mn} \qquad 0{,}20···0{,}80\% \text{ Si}$$

Dieser Stahl kommt auch immer dann in Frage, wenn der 12 proz. Manganstahl zu unwirtschaftlich oder die Zerspanbarkeit zu schwierig ist.

71. Verschleißbeanspruchung ohne Druck durch schleifende Arbeitsvorgänge. Bei einer Verschleißbeanspruchung ohne wesentlichen Druck, wo also der Werkstoff nur durch schleifende Wirkung abgetragen wird, muß ein Stahl mit großer Oberflächenhärte ausgesucht werden, wobei die Wirkung unter Umständen durch harte Karbide unterstützt werden kann.

Zunächst liegt es natürlich nahe, an einsatzgehärtete Teile zu denken. Der Vorteil dieses Verfahrens liegt darin, daß die Außenschicht einen hohen Verschleißwiderstand hat und daß das Innere weich und zäh geblieben ist. Von Nachteil ist die geringere Stärke der verschleißfesten Schicht, die umständliche Wärmebehandlung und die Notwendigkeit des Ausbaues, wenn auch nur an einer kleinen Stelle die harte Schicht abgenutzt ist. Die Verwendung von einsatzgehärteten Werkstoffen ist daher sehr begrenzt.

Der Kokillenhartguß wird auch für manchen Verwendungszweck in Frage kommen. Wie schon der Name sagt, ist es ein Gußeisen mit niedrigem Siliziumgehalt, welches in besonderen Formen rasch erstarrt. Es werden Härten bis zu 600 Brinell erreicht. Die Verschleißfestigkeit ist sehr gut. Als gegossener Werkstoff haftet ihm eine größere Sprödigkeit an. Wenn also starke Biegebeanspruchungen auftreten, ist die Verwendung nicht zu empfehlen.

Die gleiche Widerstandsfähigkeit bei höherer Zähigkeit haben Stähle mit Kohlenstoffgehalten von über 1,2% sowie Zusätzen von Chrom und Wolfram. Da es sich hier um geschmiedete Stähle handelt, kann man alle konstruktiven

Anforderungen, die sich bei gegossenem Werkstoff nicht erreichen lassen, erfüllen. Durch entsprechende Wärmebehandlung kann man jede notwendige Festigkeit erzielen. Man muß aber berücksichtigen, daß zur höchsten Festigkeit auch die geringste Zähigkeit gehört.

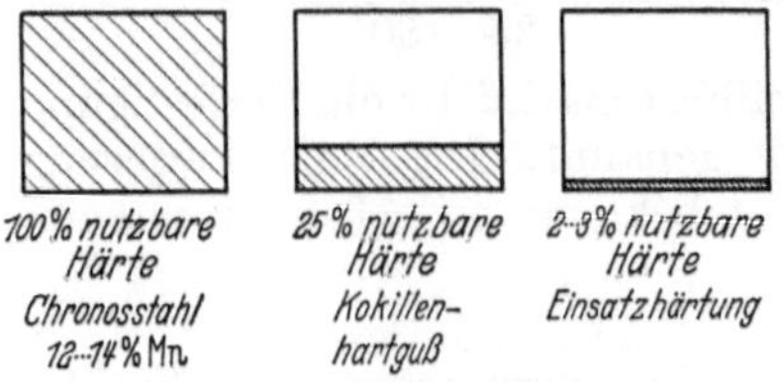

Besondere Anforderungen werden an die Verschleißfestigkeit von Stählen für Meßgeräte (Lehren) gestellt. Hier haben sich in Öl zu härtende Chromstähle sehr gut bewährt. Bei größeren Abmessungen kann man dann noch einzelne besonders beanspruchte Teile durch örtliche Oberflächenhärtung (Einsatzhärtung, Nitrierung usw.) verschleißfest machen.

Abb. 36. Vergleich der nutzbaren Härte bei Einsatzhärtung, Kokillenhartguß und 12···14proz. Manganstahl.

Man hat oft versucht, den 12proz. Manganstahl bei Verschleiß unter Druck durch Einsatzhärtung oder Kokillenhartguß zu ersetzen. Wie Abb. 36 zeigt, entspricht bei den beiden letzteren die für den Verschleiß nutzbare Schicht nur der Dicke der Härteschicht. Der 12···14proz. Manganstahl hat hingegen eine 100% nutzbare Härte.

Außerdem muß man die große Sicherheit gegen Bruch noch besonders werten, da die einsatzgehärteten und Kokillen-Hartguß-Stücke eine viel geringere Dehnung als die Manganstähle haben.

C. Die Bearbeitbarkeit der verschleißfesten Stähle.

72. Die Zerspanbarkeit der manganlegierten Stähle ist sehr verschieden. Der perlitische Manganstahl bietet keine Schwierigkeiten und gliedert sich gut in die Reihe der Stähle gleicher Festigkeit ein.

Anders verhält sich hingegen der 12···14proz. Manganstahl. Entsprechend der großen Kalthärtbarkeit setzt er den spanabhebenden Werkzeugen auch einen entsprechenden Widerstand entgegen. Diese Schwierigkeiten sind jedoch durch die neuen Hartmetalle überwunden. Es werden nachstehende Schnittbedingungen empfohlen:

Tabelle 39. Richtwerte für die Zerspanung von 12···14proz. Manganstahl im Drehvorgang.

Hartmetall	Schnittwinkel		Schnittgeschwindigkeit	
	Freiwinkel 0	Spanwinkel 0	Schruppen m/min	Schlichten m/min
S 3	4···7	−3···+3	10···25	25···40

73. Die Schweißbarkeit. Die Schweißbarkeit der manganlegierten Stähle ist gut. Beim austenitischen Manganstahl bevorzugt man häufig die Lichtbogenschweißung, um einen zu großen Abbrand an Mangan und Kohlenstoff zu vermeiden. Als Elektroden werden umhüllte Stäbe benutzt mit etwa 0,8···1% C und 15···18% Mangan, um den Abbrand auszugleichen. Die Schweißnaht wird bei Verwendung eines solchen Drahtes auch ohne Abschrecken austenitisch und zäh.

<u>Einteilung der bisher erschienenen Hefte nach Fachgebieten</u> (Fortsetzung)